——————————— 님의 소중한 미래를 위해

이 책을 드립니다.

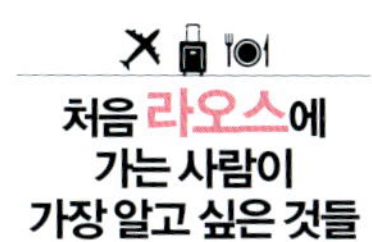

처음 라오스에
가는 사람이
가장 알고 싶은 것들

처음 **라오스**에 가는 사람이 가장 알고 싶은 것들

잊을 수 없는 내 생애 첫 라오스 여행

| 남기성 지음 |

원앤원스타일

처음 라오스에 가는 사람이 가장 알고 싶은 것들

초판 1쇄 발행 2016년 11월 11일 | **지은이** 남기성
펴낸곳 ㈜원앤원콘텐츠그룹 | **펴낸이** 강현규 · 박종명 · 정영훈
책임편집 유채민 | **편집** 최윤정 · 김효주 · 주효경 · 민가진 · 이은솔 · 추윤영
디자인 최정아 · 김혜림 · 홍경숙 · 이승연 | **마케팅** 송만석 · 서은지 · 김서영
등록번호 제301-2006-001호 | **등록일자** 2013년 5월 24일
주소 04591 서울시 중구 다산로 16길 25. 3층(신당동. 한흥빌딩) | **전화** (02)2234-7117
팩스 (02)2234-1086 | **홈페이지** www.1n1books.com | **이메일** khg0109@1n1books.com
값 16,000원 | ISBN 979-11-6002-041-0 13980

이 도서의 국립중앙도서관 출판시도서목록(CIP)은 e-CIP홈페이지(http://www.nl.go.kr/ecip)에서
이용하실 수 있습니다.(CIP제어번호 : CIP2016025103)

세계는 한 권의 책이다.
여행하지 않는 사람들은
그 책의 한 페이지만 읽는 것과 같다.

• 아우구스티누스(철학자이자 사상가) •

시간이 머무는 나라,
라오스 5박 7일 여행기

무라카미 하루키가 쓴 책처럼 라오스에는 대체 무엇이 있을까? 찌는 듯한 더위, 나무가지로 얽힌 정글, 장티푸스나 말라리아 같은 질병, 지저분한 길거리만 있지 않을까 우려스러웠다. 게다가 라오스는 불쾌한 날씨로 첫인사를 건네며 멕시코 칸쿤에 길들여진 나를 녹초로 만들었다. 어두운 시내는 초라하고 삭막했으며, 또 한편으로 눈물나게 슬펐다. 라오스 여행에 대한 설렘이 산산이 부서지는 게 느껴졌다.

그러나 오토바이 소리로 아침을 맞으며 기대 없이 거리를 나선 순간 밤새 부정했던 라오스에 더없이 미안해졌다. 하룻밤 사이에 거리는 한 폭의 수채화로 바뀌어 있었다. 우산을 받쳐 든 동자승, 라오스의 삶 자체인 오토바이, 랜드마크로 우뚝 서 있는 황금빛 사원이 파노라마처럼 펼쳐졌다. 그뿐만 아니라 거리에는 순수한 웃음이 가득했다. 도시를 옮길 때마다 수채화 같은 풍경에 순수함이 더해져 더 많은 감동을 선사했다. 라오스는 곱씹을수록 단맛이 났고, 구석구석 탐방하면서 혼자만 간직하기에는 너무 큰 사랑이 넘치는 곳임을 느꼈다. 가장 단맛이 나는 장소를 정리해 5박 7일 일정으로 담아보았다. 그에 더해 라오스의 최남단인 남부를 담으며 10일 이상 둘러볼 수 있는 일정도 넣었다.

여행자들은 가끔 혼자 떠나는 자유여행을 원한다. 하지만 한 번도 도전해보지 않은 여행이라면 떠나기 전 두려움에 휩싸이게 된다. 큰마음을 먹고 용기 있게 떠난 여행자라도 넘쳐나는 정보에 허우적대며 지치기 십상이다. 꾸역꾸역 여행을 떠난 후 시중에 떠도는 정보대로 전부 보고 다 먹고자 욕심을 내보지만 1/3도 소화하지 못하고 대부분 허탈하게 돌아온다. 그래서 나는 처음 라오스 여행을 떠나는 여행자를 위해 이 책에서 마치 현지 가이드처럼 생생하게 안내하고 싶어졌다.

  떠나기 전 준비부터 도착 후 여행 방법, 유적지에 얽힌 역사적 사실까지 세밀하게 수록해 쉽고 재미있게 라오스 여행을 즐길 수 있도록 글을 써내려갔다. 또한 곳곳에 팁을 추가해 알찬 여행을 보내도록 구성했고, 동영상을 첨부해 생생한 라오스를 체험하게 만들었다. 이 책에 담긴 볼거리, 먹을거리, 액티비티만 소화해도 수채화처럼 번져나가는 라오스의 매력을 충분히 느낄 수 있다. 물론 라오스에는 이 책에서 담지 못한 더 많은 보물이 구석구석에 숨어 있다. 그러나 남은 보물찾기는 이 책을 읽게 될 열정적인 여행자들의 몫으로 돌린다.

  이 책을 만들 때만 해도 라오스의 더위에 지쳐 눈물이 날 정도로 힘들었다. 그러나 내가 흘린 땀만큼 이 책을 읽고 더 편하게 여행할 수 있는 여행자들을 생각하며 고난과 역경을 참을 수 있었다. 확신하건대 이 책과 함께 라오스로 떠나는 여행자는 라오스의 아름다움에 충분히 매료될 것이다.

  벌써 여행서로 독자들과 만난 것도 일곱 번째다. 한 권의 책을 만들 때마다 더 반성하며 초심으로 돌아가려 한다. 그런 반성으로 매번 더 좋은 책을 만들고자 노력했다. 이번 여행서가 라오스를 찾는 모든 여행자에게 청량제가 될 수 있도록 기원한다. 그런 의미에서 책이 나오기까지 정성과 열정을 쏟아주신 원앤원콘텐츠그룹에 감사드린다. 그리고 이번 라오스 여행에 동행하며 많은 힘이 되어준 사랑하는 내 아들 석현에게도 고마움을 전한다. 마지막으로 멋진 라오스 여행을 위해 이 책을 선택한 예비 여행자들에게 깊은 감사를 표한다.

남기성

contents

둘째 날, 동남아의 꽃이자 여행자의 천국, 방비엥

다섯째 날, 시간이 거꾸로 흐르는 지상 낙원, 루앙프라방

PART 1

설렘이 가득한 라오스,
내 생애 첫 여행

'라오인민민주주의공화국(Lao People's Democratic Republic)'이라는 정식 명칭을 가진 라오스는 동남아시아 인도차이나 반도에 위치해 있다. 내륙부에 있는 라오스는 북쪽으로 중국, 북서쪽으로 미얀마, 동쪽으로 베트남, 서쪽으로 태국, 남쪽으로 캄보디아와 국경을 접하고 있다. 총 면적은 23만 6천km²로 수도는 비엔티안(Vientiane)이며 일당제 공산국가다.

라오스의 민족인 라오족은 14세기 초까지 부족국가를 이루고 살다가 1353년 파움음(Fa Ngum) 왕이 '100만 마리의 코끼리'라는 뜻의 란쌍(Lan Xang) 왕국을 세우면서 라오스 왕조의 기틀을 마련했다. 이후 그의 후계자들이 발전을 거듭하다 17세기에 접어들어 황금기를 맞이한다. 하지만 왕좌를 둘러싼 권력투쟁으로 1700년에 비엔티안, 루앙프라방(Luang Prabang), 참파삭(Champasack)의 세 왕국으로 분열된다. 그 후 국력이 약해져 숱한 외세 침입을 받다가 결국 1779년 태국의 침략으로 태국의 지배 아래에 놓인다. 그러다 1860년대부터 프랑스가 동남아시아 식민 지배를 가속화했는데, 당시 프랑스의 공격을 받은 태국은 프랑스에게 메콩강 일부 지역을 할당했다. 이후 이 땅이 현재의 라오스가 된다. 프랑스는 루앙프라방 왕국을 세우고 왕을 인정하는 대신 모든 권력을 프랑스에 귀속시키는 보호령을 선포한다.

라오스는 1945년 프랑스에게서 독립을 선언하며 독립투쟁을 했고 1954년 제네바 협정으로 마침내 독립한다. 그러나 라오스가 독립투쟁을 할 당시 결성된 좌파 공산당 '파테트라오(Pathet Lao)'가 베트남의 도움을 받으면서 베트남 전쟁에 휘말리게 된다. 미국은 라오스가 베트남 전쟁의 보급로였다는 이유로 1964년부터 1973년까지 200만 톤의 폭탄을 50만 회나 투하해 라오스를 잿더미로 만든다. 아직도 고산지대에는 터지지 않은 불발탄이 산재하고 있어 종종 사고가 발생한다.

1973년 베트남 전쟁이 끝난 후 베트남이 공산국가가 되면서 파테트라오는 라오스 정부군을 무너뜨리고 1975년에 공화국을 수립했다. 현재 라오스 지폐에서 볼 수

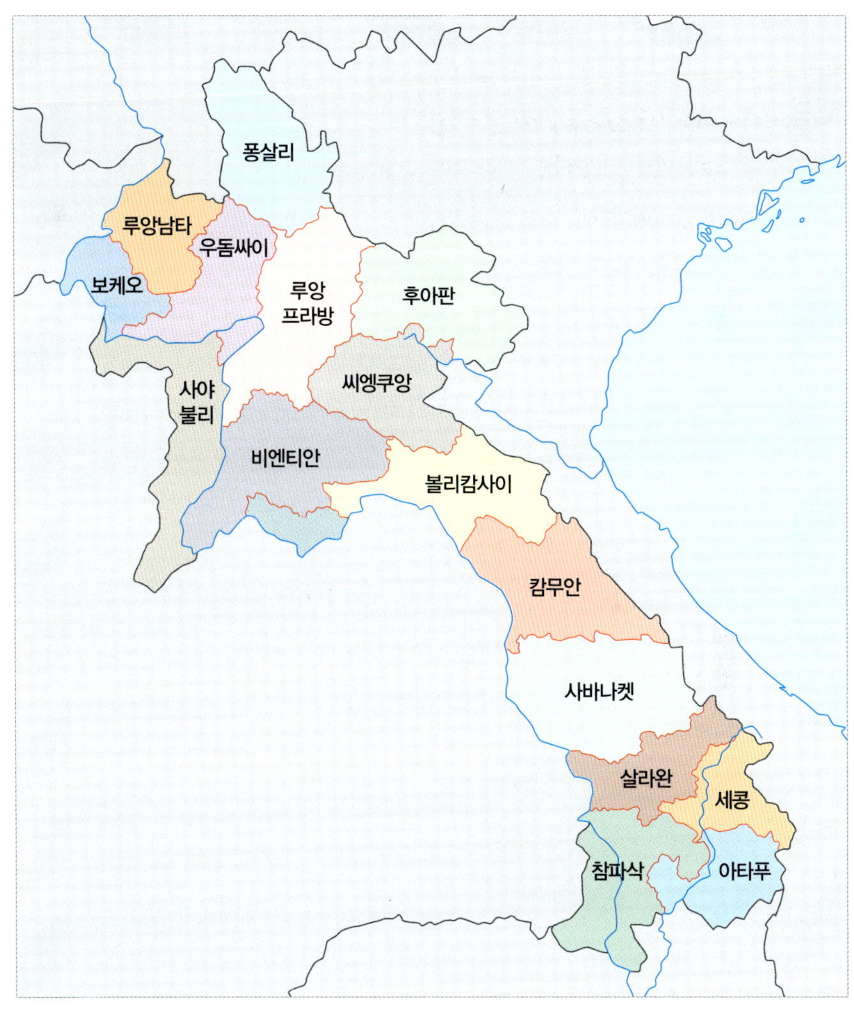

있는 카이손 폼비한(Kaysone Phoumvihan)은 파테트라오의 지도자이자 라오스의 초대 대통령이다. 라오스의 공산주의 체제는 미국과 태국의 경제 봉쇄로 더욱 악화되었으나, 1990년 소련 해체로 라오스의 시장경제도 개방된다. 1991년에는 헌법을 제정했고, 1997년 동남아시아국가연합(ASEAN)에 가입했다. 2013년에는 WTO에 가입하면서 세계 무역시장에서 발전을 거듭하고 있다. 한국은 라오스 경제를 지원하는 국가 중 하나로 지원 규모는 다섯 번째로 크다.

■ **인구:** 총 인구는 약 680만 명으로, 49개의 소수민족으로 구성되어 있다.

■ **언어:** 공용어(표준어)는 라오스어이며, 영어·중국어·베트남어·태국어로도 소통할 수 있다.

■ **기후:** 1년 내내 무덥고 습기가 많은 열대몬순(계절풍) 기후로 건계(11~4월), 우계(5~10월)로 구분한다. 우계라도 하루 종일 비가 내리는 것이 아닌 2시간 정도 스콜로 내리기 때문에 여행이나 생활하기 좋다. 더운 지방이기 때문에 여름 일상복이나 반바지, 또는 냉장고 티셔츠나 바지 등을 입으면 좋다. 햇볕이 강렬하니 모자·선글라스·선크림·샌들은 필수품이며, 우산과 우비도 준비하는 것이 좋다. 다만 12~2월은 아침저녁으로 제법 쌀쌀하기 때문에 가벼운 재킷이나 카디건 등을 준비하자.

■ **시차:** 우리나라보다 2시간 늦다. 한국시간에서 2시간을 빼면 된다. 예를 들어 한국이 10시일 때 라오스는 8시다.

■ **통화:** 화폐 단위는 K(Kip, 킵)이며 10만K, 5만K, 2만K, 1만K, 5천K, 2천K, 1천K, 500K의 8종 지폐가 있다.

■ **환율:** 1USD=약 8,100K(2016년 6월 기준)

■ **팁:** 라오스는 원래 팁 문화가 없었다. 그러나 외국 관광객이 유입되고 관광산업이 활성화하면서 호텔·마사지 등의 서비스 분야에서 팁 문화가 늘고 있다. 호텔에 숙박하거나 마사지 등의 서비스를 제공받을 경우 통상적으로 $1~2 정도 주면 좋다.

Tip 네이버나 다음에서 '라오스 날씨'를 검색하면 쉽게 날씨 정보를 알 수 있다. 또한 라오스 월간 날씨가 궁금하다면 아큐웨더(www.accuweather.com)에 들어가보자.

■ **전압:** 우리나라처럼 220V지만 110V를 혼용하는 곳도 있다. 호텔마다 플러그 형태가 다른 곳이 많기 때문에 멀티 탭을 준비하는 것이 좋다. 라오스에서 전자제품을 구입할 때 꼭 전압을 확인하고 구매하자.

■ **치안:** 대체적으로 안전하지만 관광객이 밀집한 지역에서는 오토바이를 이용한 날치기나 소매치기에 주의해야 하며, 어디서나 소지품 단속에 신경을 써야 한다. 메콩강 주변에서는 음료수 제공을 가장한 약물 사건이 종종 발생하므로 낯선 이의 친절에 주의하자.

■ **물:** 라오스 수돗물은 철분과 석회질 성분이 많아서 식수로 쓰지 않는다. 그래서 타이거 헤드(Tigerhead) 같은 정제한 생수를 마트나 편의점에서 구입해서 마셔야 한다.

■ **긴급 연락처**

경찰: 191　　　　　　　　　　화재: 190

응급상황: 1623, 1624　　　　비엔티안 구급차: 195

주라오스 대한민국 대사관: (한국에서) 856-20-5839-0080
　　　　　　　　　　　　　　(라오스에서) 020-5839-0080

라오스 이민국 보호소: 021-219-607

비엔티안 마호솟 병원(Vientiane Mahosot Hospital): 021-214-02

비엔티안 세타티라 병원(Vientiane Setthathirath Hospital): 021-351-156

비엔티안 폴리스 병원(Vientiane Police Hospital): 021-212-537

Tip 지폐 중 2천K 앞면에는 왼쪽에 2천, 오른쪽 아래에 6천이라고 적혀 있다. 6천은 라오스 언어이므로 혼동하지 않도록 주의하자. 지폐에 정확히 기재된 아라비아 숫자가 돈의 단위다.

1. 여권 및 비자 발급받기

여권 발급받기

현재 발급되는 여권은 모두 전자여권이며, 여권용 사진 1매(6개월 이내에 촬영한 사진)와 신분증을 지참하고 발급 기관을 방문해서 직접 신청하면 된다. 국내 17개 대행기관에서 간소한 과정으로 여권을 발급받을 수 있으니 외교부 여권 안내 홈페이지(www.passport.go.kr)를 참조하자. 신청에서 수령까지 통상 1주일 정도 소요되니 출발 날짜를 고려해 미리 준비하는 것이 좋다. 여권을 가지고 있더라도 유효기간이 6개월 미만이라면 새 여권을 발급받도록 하자. 여권을 찾을 때 직접 방문할 필요 없이 우편 수령이 가능한 곳도 있으니 여권 발급시 해당 기관에 문의하면 된다.

여권 접수처: 전국에 236개의 여권 사무 대행 기관이 있다. 주민등록지와 상관없이 전국 어디에서나 접수할 수 있다.

여권 신청시 필요 서류: 여권 발급신청서, 여권용 사진 1매, 신분증, 병역관계서류(미필자)가 필요하다. 미성년자는 여권 발급동의서, 동의자의 인감증명서, 가족관계 증명서가 필요하다.

여권 발급 수수료: 단수 여권(1년 이내)은 2만 원, 복수 여권(5년 초과 10년 이내)은 5만 3천 원이다.

비자 발급받기

15일 무비자: 한국 여권(여권 유효기간 6개월 이상) 소지자는 비자 없이 15일 동안 라오스를 여행할 수 있다. 체류기간이 15일을 초과한 경우 체류 연장을 할 수 없다.

> **Tip1** 라오스 입국과 관련한 정보는 주한 라오인민공화국 대사관에 문의할 수 있다. 전화번호는 02-796-17130이며, 서울시 용산구 한남동에 자리하고 있다.

> **Tip2** 라오스 비엔티안의 시내에 있는 이민국 보호소는 방콕은행 건너편에 자리하고 있다. 라오스에 머물 때 연장 없이 체류 기간을 늘리게 되면 라오스를 출국할 때 1일당 $10의 벌금을 지불해야 한다.

2. 항공권 구입하기

여행 일정이 정해졌다면 2~3개월 전에 항공권을 구입하자. 라오스는 10~4월이 성수기이고, 5~9월이 비수기다. 최근 한국 케이블 TV에서 관련 프로그램이 방영된 이후 비수기에도 많은 관광객이 라오스를 찾고 있다.

일찍 예약할수록 항공권이 저렴하지만, 종종 출발일이 임박할 때 항공권을 저렴하게 판매하는 경우도 있다. 또한 항공사에서 직접 구입하는 것보다 여행사나 인터넷 예약사이트에서 구매하는 것이 저렴하므로 다양한 사이트를 비교해서 구입하자. 다만 환불이 불가능한 경우나 예약사항을 변경할 수 없는 제약이 있을 수 있으니 주의해야 한다. 좌석 지정이 가능하다면 사전에 항공사 홈페이지를 방문해 좌석을 지정하는 것이 좋다.

라오스까지 직항은 대한항공·진에어·라오항공·티웨이항공 등이 있고, 태국 방콕이나 베트남 하노이·호치민을 경유할 경우에는 베트남항공·타이항공·에어아시아를 이용할 수 있다. 라오스 국내선은 라오항공·라오센터럴항공에서 운항하고 있다.

항공권 예약 사이트

진에어: www.jinair.com   티웨이항공: www.twayair.com

베트남항공: www.vietnamairlines.com

타이항공: www.thaiair.co.kr

에어아시아: www.airasia.com

라오항공: www.laoairlines.com

라오센터럴항공: www.flylaocentral.com

라오스카이웨이: www.laoskyway.co.kr

 **라오스 국내선**
루앙프라방: 비엔티엔 구간으로 라오항공에서 매일 3회 직항편을 운항한다. 약 40분 소요된다.
루앙남타: 비엔티엔 구간으로 라오항공에서 매주 3회 직항편을 운항한다. 약 50분 소요된다.
팍세: 비엔티엔 구간으로 라오항공에서 매주 7회 직항편을 운항한다. 약 1시간 15분 소요된다.

3. 여행자보험

여행자보험은 선택이 아닌 필수다. 여행중 발생할 수 있는 사고(스노클링, 스쿠버다이빙 등 액티비티 투어시)나 질병, 분실, 도난 등에 대해 보상받을 수 있기 때문에 꼭 가입해야 한다. 특히 요즘 여행자들은 여행시 노트북, 카메라 등 고가의 전자제품을 가지고 가는 경우가 많으므로 가입하는 것이 좋다.

　여행자보험에 가입되어 있다면 물건을 잃어버렸을 때 현지 경찰서에서 조서(police report)를 작성한 후 한국으로 돌아와서 보험금을 청구하면 된다. 또 현지에서 사고나 질병으로 병원을 이용한 경우에도 만만치 않은 병원비에 대한 혜택을 받을 수 있다. 그러니 여행 기간이 짧더라도 여행자보험은 꼭 가입하도록 하자.

 **Tip1** 공인인증서만 있으면 KB손해보험이나 삼성화재 등에서 쉽게 여행자보험에 가입할 수 있으며, 스마트폰으로도 가입이 가능하다. 출발 전까지 여행자보험에 가입하는 일을 잊었다면 출발 2시간 전에 공항에서 인터넷이나 공항 내 여행자보험 데스크에서 가입할 수 있다.
여행사 또는 환전 금액에 따라 은행에서 제공하는 무료 여행자보험의 경우 보험금 지급에 예외조항이 있을 수 있으므로 보장 내역은 항상 꼼꼼하게 확인하자.

Tip2 현지에서 사고 발생시 보상을 위한 필요 서류
상해 및 질병시: 의사 소견서, 진단서, 치료 명세서, 치료 영수증, 처방전과 영수증
도난 발생시: 조서, 분실 품목 구입 영수증

4. 숙소 예약하기

라오스의 숙소는 다른 여행지에 비해 저렴한 편이다. 호텔·리조트·게스트하우스·민박 등 조건이나 위치에 따라 다양하며, 일반적으로 신혼여행일 때는 호텔을, 가족 여행자들은 리조트·민박·게스트하우스를 선호한다. 여행사별로 항공과 숙박을 묶어서 패키지로 판매하는 곳도 많으니 여행사에 견적을 문의해보자.

인터넷 검색창에 '라오스 호텔' '라오스 유스호스텔' '라오스 민박' 등 원하는 숙소 형태를 검색하면 그와 관련된 정보들을 쉽게 찾을 수 있다. 추천 숙소 정보는 일정과 함께 각 도시별로 소개했으니 참고하자.

호텔 예약 사이트

아고다: www.agoda.co.kr　　　　부킹닷컴: www.booking.com

호텔패스: www.hotelpass.com　　　익스피디아: www.expedia.co.kr

호텔스닷컴: kr.hotels.com

5. 예산 계획 및 여행 짐 꾸리기

여행 경비 중 항공권을 제외하고 숙박요금이 가장 큰 비중을 차지한다. 여기에 현지에서의 교통비·식사비·투어·쇼핑 등이 추가로 필요하다. 왕복 항공료는 1인 기준 최소 25만 원에서 최대 60만 원이며, 숙박요금은 숙소에 따라 1박 기준으로 $10~100 이상이다. 식사비는 무엇을 먹느냐에 따라 달라지지만 브런치 카페에서 레스토랑까지 보통 $2~20 사이에서 해결된다. 라오스 여행에서 액티비티를 빼놓을 수 없는데 비용은 $20부터 시작된다. 라오스 국내선을 이용할 때 항공료는 편도를 기준으로 $100부터다.

앞에 예시된 금액에서 예비비를 추가하면 대략적인 예산을 가늠할 수 있으니 자신이 추구하는 소비성향에 따라 꼼꼼하게 예산을 짜면 된다. 이 책에서 제시한 5박 7일 일정 예산은 27쪽에 자세히 수록했으니 참조하자.

여행 짐을 꾸릴 때 꼭 챙겨야 하는 품목으로는 여권, 항공권(e-ticket 출력물), 국제 운전면허증 및 국내운전면허증, 렌터카 예약증(렌터카 예약시), 호텔 예약증 및 호텔

주소, 여행자보험증, 본인 명의의 신용카드, 우산, 멀티 어댑터, 크로스가방(귀중품 보
관용), 필기구 및 수첩, 간단한 상비약(두통, 지사제, 소화제) 및 카메라, 그 외 여행자들
의 성향에 맞게 준비하면 된다.

    짐을 쌀 때 수하물로 보내는 짐은 잘 정리해야 하고, 전자제품은 수하물로 보내지
말고 기내에 들고 타는 것이 좋다. 위탁 수하물은 1인당 2개, 23kg까지 가능하다.
수하물 개수가 초과되면 $200, 무게(23~32kg 이하)가 초과되면 $100의 추가 비용이
든다. 짐을 꾸릴 때 종종 필요한 준비물을 빠뜨리는 경우가 있을 것이다. 이를 대비
해 28쪽에 꼭 챙겨야 할 준비물 체크리스트를 수록했으니 활용해보자.

6. 환전 및 신용카드 사용하기

환전하기

한국 원화를 달러로 환전한 후 라오스 현지에서 라오스 화폐로 환전해야 한다. 대부
분의 시중은행에서 달러를 보유하고 있기 때문에 가까운 은행에서 환전하면 된다.
환전 우대쿠폰을 활용해 가까운 지점 은행에서 환전을 하거나 주거래 은행이 있다
면 우대가 얼마까지 가능한지 확인한 후 환전을 하는 것도 방법이다. 환전 우대쿠폰
은 주거래 은행 사이트의 외환 업무 센터에서 받을 수 있다. 환전하기 전 마이뱅크
사이트(www.mibank.me)에서 은행별 환율을 비교해보면 도움이 된다.

    또한 은행에 갈 필요 없이 인터넷 뱅킹으로 간편하고 경제적으로 인터넷 환전서
비스를 이용할 수도 있다. 인터넷 환전서비스의 장점은 은행보다 더 좋은 우대를 받
을 수 있다는 점과 영업시간 이외나 휴일에도 환전할 수 있다는 점이다.

> **Tip** 서울역의 IBK기업은행과 우리은행 환전소가 환전의 메카로 유명하다. 환전 우대쿠폰이 없어도 항
> 시 90%로 환전 우대를 받을 수 있다. IBK기업은행은 개인당 100만 원까지. 우리은행은 개인당 500만 원까
> 지 가능하다. 환전 우대 입소문으로 항시 대기시간이 있다.
> IBK기업은행: 오전 7시~오후 10시 연중무휴
> 우리은행: 오전 6시~오후 10시 연중무휴, 서울역 지하 2층

라오스 여행중에는 비상시를 대비해 해외에서 이용할 수 있는 신용카드를 소지하는 것이 좋다. 다만 해외에서 사용 가능한지, 뒷면에 서명은 되어 있는지 확인해야 한다. 라오스 전역에 있는 ATM에서 출금도 가능하며, 고급 레스토랑이나 호텔에서 사용할 수도 있다.

Tip 해외에서 신용카드를 분실했을 경우 대비 및 대처법

출국 전 대비: 먼저 해외에서 사용할 카드 뒷면에 분실 신고 센터나 해외 이용문의 전화번호를 따로 기재한다. 결제시 알려주는 SMS 서비스에 가입하면 '부정 사용 방지 모니터링 시스템'으로 연락이 오기 때문에 휴대폰 로밍 서비스를 반드시 신청한다. 해외에서 사용할 한도를 조정해도 된다.

분실시 대처법: 분실 후 전화번호가 없다면 유선, 홈페이지나 스마트폰 앱 등을 통해 카드사 분실신고 센터에 반드시 신고한다. 추후 보상을 위해 여행지 경찰서에서 신고 후 접수증을 발급받는다. 카드 사용이 필요하면 카드사 긴급서비스센터에서 임시카드를 발급받은 뒤 귀국 후 반납하고 다시 키드를 발급받는다.

7. 라오스 유심칩

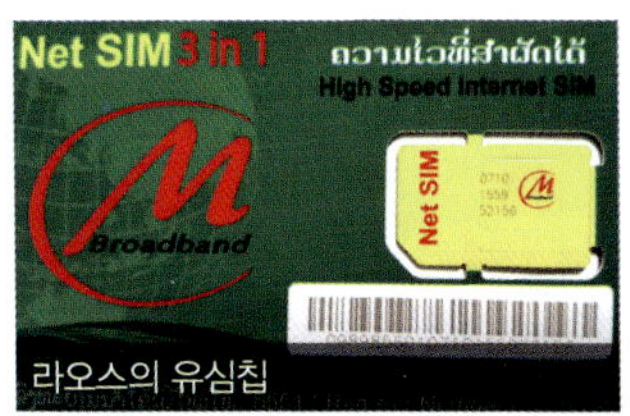

라오스의 유심칩

와이파이를 자유롭게 사용하고 싶다면 방문 국가의 이동통신업체에서 제공하는 해외 유심을 이용할 수도 있다. 이 서비스는 해당 국가의 국내 통신요금과 같은 기준이 적용되므로 사용료가 매우 저렴하다. 선불 또는 후불로 지불해서 사용할 수 있어서 요금 폭탄을 맞을 위험이 적다.

라오스 여행중에도 언제 어디서나 와이파이를 사용하고 싶다면 유심칩을 구매하는 편이 좋다. 유심칩은 데이터와 통화가 가능한 것, 데이터만 사용할 수 있는 것(NET-SIM)이 있다. 대부분의 여행자는 데이터만 사용할 수 있는 유심칩을 구입한다. 속도는 느리지만 구글 지도, 카카오톡, 보이스톡, 페이스북 등을 충분히 이용할 수 있고, 무엇보다 데이터 로밍 비용(24시간 기준 1만 원)보다 저렴하다는 장점이 있기 때문이다.

다만 우리나라 통신사 유심칩을 빼면 한국에서 오는 전화나 문자는 받을 수 없다. 한국에서 걸려오는 전화를 받아야 할 상황이라면 라오스 현지 유심칩을 구입해 사용하는 것보다 본인이 가입한 이동통신사에서 데이터 로밍 서비스를 신청하는 것이 좋다.

유심칩 구입처

유십칩을 구입할 수 있는 대표적인 곳은 왓따이국제공항과 비엔티안 시내다. 왓따이국제공항에서는 출국장 정면의 유니텔(Unitel) 부스나 유니텔 왼쪽에 위치한 라오텔레콤 부스에서 구입할 수 있다. 비엔티안 시내에서는 라오텔레콤이나 편의점(M-point Mart), 마트 등에서 구할 수 있다. 시내의 라오텔레콤은 남푸 분수에서 오른쪽으로 한 블록 떨어진 곳에 있다. 유심칩을 구입시 직원에게 부탁하면 유심칩을 갈아 끼워주고 설정까지 마무리해준다. 데이터만 사용할 수 있는 유심칩 비용은 1GB(1일)는 5천K 이상, 1.5GB(7일)는 1만K 이상, 5GB(30일)는 5만K 이상이다.

Tip 로밍이나 와이파이, 유심 없이 무료 길 찾기

출발 전 맵스위드미(maps.me) 애플리케이션을 설치한 뒤 라오스 지도를 내려받는다. 그리고 여행지 내 와이파이가 되는 곳에서 맵스위드미로 목적지(명칭 또는 주소)를 검색한 후 즐겨찾기를 한다. 이때 본인의 숙소도 즐겨찾기하자. 맵스위드미를 실행하면 인터넷이 되지 않더라도 인공위성 GPS를 통해 현 위치를 안내해준다. 즐겨찾기에서 목적지를 찾아 '경로'를 터치하며 목적지로 이동하면 된다.

8. 라오스 여행 정보 관련 사이트

여행을 떠나기 전에 라오스에 대한 정보를 모아놓은 사이트를 방문하면 많은 정보를 얻을 수 있으며, 더욱 익숙하고 친숙하게 라오스 여행을 할 수 있다.

라오스 관광청: www.tourismlaos.org/kr

라오스월드: www.laosworld.net

트래블라오: www.travellao.com

이 책에서 제시한 5박 7일 일정 예산 알아보기(입장료는 2016년 7월 1인 기준)

1일차

공항 → 호텔 이동(택시 $7) → 파 탓루앙(입장료 5천K) → 빠뚜싸이 → 왓 씨사켓 → 호 프라깨우 → 퍼 쌥(쌀국수 2만 5천K~) → 퍼 엔의 도가니 국수(2만K~) → 터키 완탕 국수(1만 3천K~) → 위앙 싸완 넴느엉(2만 5천K~) → 컵 짜이 더(5만K~) → 딤섬집(5천K~) → 씨엥 쿠완(8천K~) → 교통(자전거+시내버스 2만 1천K~) → 기타 경비(음료+유심 등 5만K~)

: 1일차 총 경비 $7+24만K~

2일차

비엔티안 → 방비엥 이동(미니밴 6만K~) → 블루 라군(2만 8천K~) → 유러피안 거리 → 노점의 샌드위치(2만K~) → 피핑솜 신닷 까오리(4만K~) → 바나나 레스토랑(볶음밥 3만 5천K~) → 탐 짱(1만 5천K~) → 교통(스쿠터 렌트 6만K~) → 기타 경비(음료 등 5만K~)

: 2일차 총 경비 30만 8천K~

3일차

투어 패키지(탐쌍+탐낭+카약킹+집라인 25만K~) → 카오삐약 카오(1만K~) → 뽈살구이(2만K~) → 사쿠라 바(1만K~) → 기타 경비(음료 등 5만K~)

: 3일차 총 경비 34만K~

4일차

방비엥 → 루앙프라방 이동(미니밴 10만K~) → 국립왕궁박물관(3만K~) → 유러피안 거리 → 왓 씨엥통(2만K~) → 푸 씨(2만K~) → 몽족 야시장 → 씨엥통 누들 수프(1만K~) → BBQ 메콩 레스토랑(6만K~) → 코코넛 가든(6만K~) → 유토피아 맥주(1만 6천K~) → 교통(자전거 렌트 1만 5천K~) → 기타 경비(음료 등 5만K~)

: 4일차 총 경비 38만 1천K~

5일차

탁발 행렬 → 탐 빡우(교통+입장료 10만K~) → 꽝시 폭포(교통+입장료 7만K~) → 칸강변 산책 → 모닝마켓(쌀국수 1만 5천K~) → 카오쏘이(2만K~) → 타마린드(6만K~) → 쯤펫 지구(승선료+사원 입장료 4만K~) → 기타 경비(음료 등 5만K~)

: 5일차 총 경비 35만 5천K~

→ 5박 7일 총 경비 $200(약 162만 4천K) + $7 + 숙박비 + 항공료 + 기타 경비

이것만은 꼭 챙기자! 라오스 여행 준비물 체크리스트

☐ 여권(분실 대비 여권 복사본과 여권용 사진 2장)
☐ 항공권(e-ticket 출력물)
☐ 국제운전면허증 및 국내운전면허증
☐ 렌터카 예약증(렌터카 예약시)
☐ 호텔 예약증 및 호텔 주소
☐ 여행자보험증
☐ 본인 명의의 신용카드
☐ 옷(냉방시설을 대비한 카디건이나 잠바)
☐ 귀마개(장거리 이동시 소음대비), 목 베개

☐ 멀티 플러그 및 멀티 어댑터(분실 대비 2개 정도)
☐ 크로스가방(귀중품 보관용)
☐ 필기구 및 수첩
☐ 간단한 상비약(두통, 지사제, 소화제) 및 모기약
☐ 카메라
☐ 우산·선글라스·선크림
☐ 물놀이 준비물(비치타올 · 수영복 · 비닐방수팩 · 샌들)
☐ 휴대용 화장지, 물티슈, 마스크(비포장도로 이용시 먼지 대비)

체크리스트 외에도 게스트하우스 숙박을 대비해서 비누·샴푸·수건 등 기타 여행자들의 취향에 맞는 품목을 준비하도록 하자. 또한 마지막 날에 짐을 쌀 때 수하물로 보내는 짐(1인당 2개, 23kg, 다만 라오스 출국시 15kg까지 가능)은 잘 정리해야 하고 전자제품은 수하물로 보내지 말고 기내에 들고 타는 것이 좋다.

간단한 라오스어

인사말

싸바이디: 안녕하세요?	난디티 후짝: 만나서 반갑습니다.
컵짜이: 고맙습니다.	컵짜이 라이라이: 정말 고맙습니다.
쏙디: 행운을 빕니다.	커톳: 실례합니다.
버뺀양: 괜찮습니다.	쑤어이 대: 도와주세요.

숫자

능: 1	씨: 4	잿: 7	씹: 10	능러이: 100	판: 1천	씹판: 1만
쏭: 2	하: 5	뺏: 8	싸우: 20	썽러이: 200	썽판: 2천	싸우판: 2만
쌈: 3	혹: 6	까오: 9	쌈씹: 30	쌈러이: 300	쌈판: 3천	쌉씹판: 3만

동사·형용사

너이: 작다	라이라이: 많이	와이와이: 빨리
디: 좋다	버 디: 나쁘다	버 아오: 필요없다

기타

남 쌘: 얼음	남 듬: 식수	남 헌: 온수	헝남: 화장실	짜아 티쑤: 화장지	흥행: 호텔
팟 롬: 선풍기	애 옌: 에어컨	뚜옌: 냉장고	파홈: 이불	싸부: 비누	룩까째: 열쇠
야융: 모기약	팬티: 지도	홉타이: 사진	헝머: 병원	싸타니 땀루왓: 경찰서	타나칸: 은행

기본표현

타오다이: 얼마입니까?	땡 라이: 너무 비싸다.
커룻 다이 버: 깎아주세요.	히우 카오: 배고프다.
히우 남: 목 마르다.	쌥 라이: 맛있다.
버 싸이 빡홈: 고수 빼주세요.	헌: 더워요.
커이 쑤아: 아프다.	쑤워이 더: 도와주세요.
미 헝 왕 버: 빈 방 있습니까?	미 아한 싸오 남 버: 조식이 포함입니까?
헝남 유싸이: 화장실이 어디입니까?	롯데 타오다이: 깎아서 얼마입니까?
책빈데: 계산서 주세요.	까이버: 멀어요?

1. 출국절차(인천국제공항 출발)

출국하기

인천국제공항

대중교통을 이용해 인천국제공항에 가는 경우 공항 리무진 버스나 공항철도를 이용한다. 공항 리무진 버스는 'KAL 리무진'을 비롯해 서울시, 수도권, 지방에서 총 18개의 리무진 버스 노선이 운행되고 있다. 서울 및 경기권을 기준으로 약 60~90분이 소요된다. 리무진 버스는 인천국제공항까지 바로 연결되는 장점이 있지만, 교통체증으로 도착시간이 늦추어질 수 있으니 지방에서 가는 경우라면 운행 편수나 운행시간을 홈페이지에서 반드시 확인하자.

공항철도는 지하철과 연계가 가능하며, 서울역에서 출발하는 열차를 이용할 경우 인천국제공항까지 약 50분이면 도착한다. 특히 2014년 7월 1일부터 KTX인천국제공항역이 개통되어 지방여행객의 경우 KTX 경부선이나 호남선을 이용해 KTX인천국제공항역까지 바로 갈 수 있다.

공항 리무진 버스 홈페이지: www.airportlimousine.co.kr

코레일 공항철도 홈페이지: www.arex.or.kr

출국절차

공항에 도착하면 탑승 수속, 세관 신고, 보안 검색, 출국 심사를 거친 후 비행기에 탑승한다.

탑승 수속: 인천국제공항 3층 출국장으로 가서 본인이 이용할 항공사의 체크인 카운터(A~M)를 찾아 탑승 수속을 받는다. 해당 항공사 카운터에 여권과 항공권을 제출하고 비행기 좌석을 선택한

후 위탁 수하물(여행가방 등)을 부치고 출국장으로 이동하면 된다. 이때 기내 반입 금지 품목이 없는지 한 번 더 확인한다.

병역 신고: 병역 의무를 마치지 않은 사람은 국외여행 허가를 받아야 하는데, 병무청 홈페이지(www.mma.go.kr)에서 쉽게 신청할 수 있다.

세관 신고: $1만 이상의 외환 소지자나 고가의 귀중품을 소지하고 출국할 경우 출국 수속 전에 휴대물품 반출 신고서를 작성해야 한다.

보안 검색: 기내 반입 물품을 점검받기 위해 휴대물품을 엑스레이 벨트 위로 통과시킨다. 가방 속 노트북이나 태블릿 PC, 주머니 속 동전이나 휴대전화 등은 바구니에 별도로 담는다.

출국 심사: 출국 심사대에서 여권과 탑승권을 보여주고 여권에 출국 도장을 받은 후 통과하면 출국 절차는 모두 끝난다. 자동출입국심사를 신청한 사람이라면 자동출입국심사대에서 여권만으로 출국 심사를 할 수 있다.

비행기 탑승: 탑승권에 적힌 게이트로 출발 40분 전까지 이동한다. 탑승권 게이트가 101~132번이면 셔틀 트레인을 이용해 탑승동으로 이동한다.

Tip 자동출입국심사(KISS, Korea Immigration Smart Service)

출입국심사의 대기시간 없이 기계에 여권을 직접 스캔하고 지문만 찍으면 출입국을 허가해주는 시스템이다. 등록센터(인천국제공항, 김포국제공항, 김해국제공항, 제주국제공항, 대구공항, 청주·광주·대전 출입국 관리사무소 등)에 방문해 여권을 제시하고 개인정보를 직접 확인한 후 지문을 등록하고 얼굴 정면 사진을 촬영하면 자동출입국심사 신청이 완료된다. 등록 직후부터 자동출입국심사대를 이용할 수 있으며, 한 번 등록하면 여권 만료기한까지 이용이 가능하다. 다만 여권에 출국심사도장은 생략된다.

2. 입국절차(비엔티안 왓따이국제공항 도착)

입국하기

인천국제공항에서 비엔티안 왓따이국제공항까지는 직항일 경우 약 5시간 10분이 소요된다. 왓따이국제공항은 비엔티안 시내에서 3km 정도 떨어져 있다. 규모가 작지만 국제선·국내선 터미널이 모두 있다. 도착 후 입국심사를 진행한 다음 1층 수하물 벨트에서 짐을 찾으면 된다.

입국절차

입출국신고서 작성: 기내에서 승무원이 나누어주는 입출국신고서를 작성한다. 15일 무비자 협정국이기 때문에 입국 신고시 여권, 항공권, 입출국신고서만 있으면 된다.

입국 심사: 비행기에서 내리면 2층이므로 도착 표지판(arrival passenger)을 따라 이동한다. 그런 다음 '입국 심사대(passport control)'로 가서 직원이 있는 창구 앞 정지선에서 대기한다. 직원의 손짓에 맞추어서 움직인다. 여권을 제시한 후 카메라를 응시한다. 직원이 입국 도장을 찍어준다.

수하물 찾기: 왼쪽 수하물(baggge claim) 표지판을 따라 1층으로 이동한다. 수하물 코너에서 본인 짐을 찾는다.

ບັດແຈ້ງເຂົ້າເມືອງ ARRIVAL

ດ່ານຂາເຂົ້າ / Check point: ...... 입국하는 도시 이름 ...... / ຂບ

ນາມສະກຸນ Family name: 성	ຊື່ Name: 이름		성별 ຊາຍ Male ☐ / ຍິງ Female ☐
ວັນເດືອນປີເກີດ Date of birth: 생년월일	ສະຖານທີ່ເກີດ Place of birth: 출생지	ສັນຊາດ Nationality: 국적	ອາຊີບ Occupation: 직업
ໜັງສືຜ່ານແດນເລກທີ Passport No: 여권 번호	ວັນໝົດອາຍຸ Expiry date: 여권 만료일	ລົງວັນທີ Date of issue: 여권 발급일	ອອກໃຫ້ທີ່ Place of issue: 여권 발급 장소
ວີຊາເລກທີ Visa No: 비자 번호	ລົງວັນທີ Date of issue: 비자 발급일	ອອກໃຫ້ທີ່ Place of issue: 비자 발급 장소	ສະຖານທີ່ຈະພັກຢູ່ລາວ Intented address in Lao PDR: 라오스 내 주소
ຈຸດປະສົງເຂົ້າມາໃນລາວ Purpose of entry 입국 목적 ☐ ການທູດ Diplomatic ☐ ທຸລະກິດ Business ☐ ລັດຖະການ Official ☐ ທ່ອງທ່ຽວ Tourism ☐ ຍ້ຽມຍາມ Visit ☐ ຜ່ານ Transit	ເດີນທາງດ້ວຍ Traveling by: 이동 수단 Flight No: Car No: Bus No:	ເດີນທາງມາຈາກ Traveling from: 출발 도시 ເດີນທາງເປັນກຸ່ມທ່ອງທ່ຽວ Traveling in package tour ☐ Yes ☐ No	ເບີໂທ Tel: 라오스 내 연락처
ສຳລັບເຈົ້າໜ້າທີ່ For official use only		ວັນທີ Date: 입국 날짜	ລາຍເຊັນ Signature: 서명

입국신고서

ບັດແຈ້ງອອກເມືອງ DEPARTURE

ດ່ານຂາອອກ / Check point: ...... 출국하는 도시 이름 ...... / ຂບ

ນາມສະກຸນ Family name: 성		ຊື່ Name: 이름	
ວັນເດືອນປີເກີດ Date of birth: 생년월일		ສະຖານທີ່ເກີດ Place of birth: 출생지	
ຊາຍ Male ☐ / ຍິງ Female ☐ 성별	ສັນຊາດ Nationality: 국적	ອາຊີບ Occupation: 직업	ວັນທີ Date: 출국 날짜 ...../...../.....
ໜັງສືຜ່ານແດນເລກທີ Passport No: 여권 번호	ລົງວັນທີ Date of Issue: 여권 발급일	ອອກໃຫ້ທີ່ Place of issue: 여권 발급 장소	ລາຍເຊັນ Signature: 서명
ທີ່ຢູ່ສຸດທ້າຍກ່ອນຫ່ນກອອກຈາກ ສ ປ ປ ລາວ Last residence in Lao PDR before leaving: 라오스에서 마지막 체류한 도시		ສຳລັບເຈົ້າໜ້າທີ່ For official use only	

Instruction

1. Holders of passports and their dependants must complete a card when entering to or departing from Lao PDR.
2. Please complete the card in block letters.
3. The departure portion must be retained in the passport or travel document and submitted to the Immigration Officer on leaving Lao PDR.
4. Persons entering Lao PDR for enployment and official purposes (other than in a diplomatic mission) must register at an office of the department of Immigration.
5. Persons wishing to extend their visa can apply for at an office of the Department of Immigration.
Note: Persons overstaying their visa will be fined for each day in excess.

출국신고서

Tip 무비자일 경우 입국신고서 작성

무비자로 입국할 경우 입국신고서의 비자 번호, 비자 발급일, 비자 발급 장소는 빈 칸으로 두도록 한다.

3. 왓따이국제공항에서 시내로 이동하기

왓따이국제공항에는 국제선과 국내선 터미널이 따로 있지만 규모가 작은 편이며 1층은 입국장, 2층은 출국장, 3층은 레스토랑으로 구성되어 있다.

공항 내에는 환전소, ATM, 인포메이션 센터, 쇼핑 시설이 있다. 공항에서 시내로 이동할 수 있는 교통편은 여러 가지다. 호텔(큰 호텔은 무료 셔틀버스 운영)이나 폰트래블 등의 여행사에 픽업 서비스를 신청할 수 있으며, 택시나 미니버스를 이용하거나 5분 정도 걸어 공항을 벗어난 후 지나가는 툭툭이나 시내버스를 이용할 수도 있다. 하지만 라오스 여행이 처음이라면 택시나 미니버스를 이용하는 방법이 가장 편하고 안전하다.

> **Tip** 왓따이국제공항에 저녁 10시 이후에 도착하면 라오스 화폐로 바꿔주는 환전소가 닫혀 있다. 하지만 공항에서 시내까지 택시로 이동할 경우 달러로 지불해야 하므로, 첫날 호텔 투숙을 한 후 다음날 비엔티안 시내 환전소나 은행 등에서 라오스 화폐로 환전하자. 여행자들이 가장 많이 투숙하는 비엔티안의 여행자 거리에는 곳곳에 환전소가 있다.

택시 이용하기

시내로 이동할 때 가장 빠르고 편한 방법이다. 공항 내 택시와 미니버스 서비스센터에서 표를 구입한 후 이용할 수 있다. 숙소가 많은 메콩강변 시내까지 택시 한 대를 4인 이하가 $7로 이용할 수 있으며, 이동 시간은 10~15분 정도 소요된다.

미니버스(승합차) 이용하기

라오스 여행을 할 때 일행이 5명 이상이라면 미니버스를 이용해도 좋다. 시내까지 8인 이하의 일행은 미니버스 한 대를 $8 정도로 이용할 수 있다. 공항 내 택시와 미니버스 서비스센터에서 티켓을 구입해서 이용한다.

① 공항에 도착하면 출구 쪽으로 나간다.

② 출구 정면에 위치한 택시와 미니버스 서비스센터로 간다.

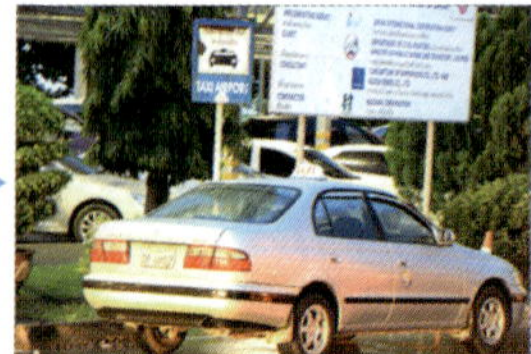

③ 목적지로 가는 티켓을 구입한 후 택시나 미니버스 기사를 따라 이동해서 탑승한다.

툭툭과 썽태우 이용하기

공항 밖에 있는 큰 도로의 건너편에서 지나가는 툭툭(Tuk Tuk)이나 썽태우를 타면 된다. 택시보다 알찬 가격에 이용할 수 있지만 초행이라는 두려움을 극복해야 한다. 또한 여행자의 호텔까지 가지 않으므로 여행자 거리의 중심인 '남푸(Nam Phou) 분수'에서 내려 도보로 본인이 묵는 숙소까지 이동해야 한다. 요금은 1인 3만K 정도로 이용할 수 있다.

1. 툭툭

라오스 전역에서 가장 흔하게 볼 수 있는 교통수단으로 오토바이를 개조해서 만들었다. 요금은 사람당 따로따로 받는다. 정원이 6~10명인 것을 '툭툭', 4~5명인 것을 '점보'라고 부른다. 라오스를 방문한 여행자들이 시내에서 여행 목적지까지 이동할 때 가장 많이 이용하는 교통수단이다. 다만 바가지요금이 심하므로 목적지까지의 요금을 알고 이용하는 편이 좋다. 호텔을 출발하기 전 호텔 직원에게 적정 요금을 묻는 것이 최상의 방법이다.

2. 썽태우

트럭을 개조해 화물칸 좌우에 긴 의자, 천장에는 천을 올려 만든 교통수단이다. 툭툭만큼이나 라오스 전역에서 쉽게 볼 수 있는데 시내에서 여행지까지 이동할 때 이용할 수 있다. 여러 명이 탄 썽태우에 합승할 경우에는 1만K 정도로 이용할 수 있다. 그러나 툭툭처럼 바가지요금이 심하니 타기 전 목적지까지의 요금을 흥정한 후 탑승한다.

3. 택시

공항에서 시내로 이동하거나 호텔에서 공항으로 이동할 때 주로 이용하는 교통수단이다. 시내에서 공항으로 이동할 경우 호텔 주변에 있는 택시는 미터기가 있기 때문에 편리하게 이용할 수 있다. 보통 최초 1km까지 기본료가 1만 5천K, 이후는 300m당 2천K 정도가 부과된다. 묵었던 숙소 직원에게 요청하면 탈 수 있다.

4. 미니버스

비엔티안에서 방비엥이나 루앙프라방으로 이동할 때 주로 이용된다. 여행사나 숙소에서 쉽게 예약할 수 있다. 대개 비엔티안에서 방비엥까지 4시간, 방비엥에서 루앙프라방까지 5시간 정도 소요된다.

5. 버스

라오스는 산악지대가 많아 도로 사정이 좋지 않다. 특히 버스도 낡은 중고차들이 많기 때문에 이동중 고장이 나면 오랜 시간을 도로에 묶일 수도 있다. 버스 종류에는 에어컨 없는 일반 완행인 로컬 버스, 에어컨이 있는 완행인 익스프레스 버스, 에어컨이 있는 직행인 VIP 버스, 저녁에 운행하는 슬리핑 버스 등이 있다. 그러나 VIP 버스는 이름에 맞지 않게 차의 성능이 좋지 않으며, 슬리핑 버스도 이름처럼 편한 침대를 구비한 것이 아니라서 생각보다 불편을 감수해야 한다. 슬리핑 버스는 비엔티안에서 루앙프라방 구간, 비엔티안에서 팍세(Fakse) 간에 주로 이용할 수 있다.

6. 오토바이

비엔티안이나 루앙프라방에서 이용할 수 있다. 가끔 교통 경찰관들이 면허증을 요구하기도 하니 일정중에 이용을 원하는 여행자들이라면 국제운전면허증을 소지하도록 하자. 오토바이 렌트 시 예치금 개념으로 여권 원본을 요구한다. 오토바이 이용시 헬멧 등은 꼭 착용해야 하며, 뺑소니 사고나 오토바이 사고 및 분실 등에 주의해야 한다.

7. 시내버스

시내버스는 비엔티안에서만 유일하게 운행하고 있다. 각지로 이동하는 시내버스는 딸랏 싸오(Talat Sao) 터미널에서 탈 수 있다. 버스 비용은 거리에 따라 다르며, 차내 승무원에게 목적지를 말하고 요금을 지불하면 된다. 보통 시내버스 요금은 3천~6천K이다.

비엔티안 시내버스 대표 노선(vcsbe.com)
8번 버스: 딸랏 싸오 터미널 > 국립박물관 > 북부 터미널
14번 버스: 딸랏 싸오 터미널 > 우정의 다리 > 씨엥 쿠완
30번 버스: 딸랏 싸오 터미널 > 국립박물관 > 왓따이국제공항 > 쏭퐁
49번 버스: 딸랏 싸오 터미널 > 국립박물관 > 왓따이국제공항 > 북부 터미널

JDB
SWEET MOO   SWEET MOO   SWEET MOO
BAN SY HOM

알고 가면 더 유용한
라오스 예절 및 문화

1. 라오스 예절

인사나 고마움의 표시: 합장한 두 손을 가슴까지 올린 후 고개를 약간 숙이며 "싸바이디(Sabaidee)."라고 말한다.

사원에서의 예절: 반바지나 민소매를 착용하면 입장할 수 없으므로 입구에 마련된 천을 두른 후 입장한다.

승려에 대한 예절: 여성은 승려의 옆자리에 앉거나 직접적인 신체 접촉이 금지되어 있다. 특히 물건 같은 것도 직접 건넬 수 없으며, 바닥이나 탁자 위에 놓아야 한다. 탁발시에도 스님의 가사와 신체에 접촉하지 않도록 주의한다. 남성도 승려에게 악수를 청하거나 몸에 손을 대지 말아야 한다.

발과 관련된 예절: 인간의 신체 중 발을 가장 천한 부분으로 여긴다. 발로 물건을 가리키거나 건네는 행위, 발로 사람을 건드리는 행위, 앉을 때 상대방에게 발을 보이는 행위는 삼가야 한다. 특히 버스로 이동시 발을 올려놓는 행위를 조심해야 한다.

공공 예절: 발과 반대로 머리를 신체 부위 중 가장 중요하게 생각하기에 함부로 상대의 머리를 쓰다듬으면 안 되고, 공공장소에서의 스킨십, 현지인에게 큰소리로 이야기하는 것도 삼가야 한다.

손과 관련된 예절: 손가락으로 사람을 가리키는 것은 적대적 행위에 해당하므로 삼간다.

사진 예절: 여행자들이 라오스 사람들을 함부로 사진에 담는 것은 무례한 행동이다. 사진을 찍기 전에 허락을 받는 것이 좋다.

 **라오스인들은 한 번은 스님이 된다**

라오스 불교는 소승 불교로 도시에서 민중들과 함께하며, 음식에 대한 제한도 없어 고기도 먹을 수 있다. 그리고 라오스 남자들은 10살 정도가 되면 삭발한 뒤 불교에 입교해 불교 교육을 받으며 일정 기간 절에서 거주해야 하는 전통이 있다. 그래서 대부분이 어릴 때부터 불교 생활을 한다.

석가모니의 일생을 그린 불전도에서 보여진 석가모니의 손 모양에서 유래한 것으로 알아두면 불교국가인 라오스 여행시 많은 도움이 된다.

선정인(禪定印): 석가모니가 보리수 아래 앉아 깊은 생각에 잠겨 있을 때의 수인으로 부처님께서 선정에 든 것을 상징한다. 손바닥을 펴고 왼손은 배꼽 아래에 둔다. 그 위에 오른손을 포갠 후 엄지를 맞대는 형태다.

시무외인(施無畏印): 중생의 두려움과 위안을 주기 위한 수인으로 오른손 왼손을 어깨까지 올리고 손바닥을 편 채 밖으로 향하게 하는 형태다.

여원인(與願印): 중생의 모든 소원을 다 들어주기 위한 수인으로 왼손을 내리고 손바닥을 밖으로 향하게 한다.

통인(通印): 중생에게 더 많은 자비를 주기 위한 수인으로 시무외인과 여원인을 합친 형태다.

항마촉지인(降魔觸地印): 부처님이 깨달음에 이른 것을 상징하며 결가부좌한 좌상에서만 볼 수 있는 수인이다. 왼손의 손바닥을 위로 향하게 해 배꼽 아래, 다리 가운데에 놓고 오른손은 무릎 밑으로 늘어뜨려 손가락을 편 형태다.

지권인(智拳印): 깨달음과 미혹함은 원래 하나라는 의미의 수인으로 양손을 가슴 앞에 올리고 똑바로 세운 오른손의 집게손가락을 왼손으로 감싼 형태다.

2. 라오스 문화

라오스인들은 아기가 태어나면 1주일 동안 아기와 엄마를 위한 축하 행사를 한다. 하지만 이후에는 통상적으로 생일을 축하하지 않는다. 불교국가에서 사는 라오스인에게 죽음은 더 좋은 세상으로 가는 윤회이므로 사람이 죽는 것을 기쁜 일로 여기면서 먹고 마시며 즐거워한다. 제사는 죽은 조상을 위해 매년 같은 날에 지낸다.

그 외에도 바시(Baci)가 있다. 라오스의 토속신앙으로 사람이 죽거나 아프거나 아이가 출생할 경우에 귀신을 달래는 의식이다. 하얀 실로 손목을 감아 사람과 사람을 이어주며 행운을 기원한다. 라오스 축제에서 흔히 볼 수 있다.

라오스 자유여행을 위해
주의해야 할 건강관리

1. 주요 질병, 알고 가자

말라리아

학질모기가 옮기는 전염병으로 동남아시아 열대 지역에서 유행한다. 고열·구토·두통 등의 증상을 보이며, 오한기에서 발열기, 그리고 발한기의 과정을 거친다. 라오스인들의 1/3이 한 번 이상 말라리아 증세를 보였을 정도로 라오스에서 흔한 질병 중하나다. 비엔티안·방비엥(Vang Vieng)·루앙프라방 같은 도시에서는 위험률이 떨어지지만, 그 외의 국경지역에서는 위험률이 높아진다.

그러므로 라오스를 구석구석 여행할 여행자라면 필요한 조치를 취하는 것이 좋다. 모기 등이 접근하지 못하도록 모기 기피제를 바르거나 긴 옷 등을 착용하며, 손을 자주 씻고 길거리 음식을 주의하는 것이 좋다. 말라리아는 백신이 없지만 예방약으로 면역력을 높일 수 있다. 예방약에 따라 조금씩 차이가 있지만 대개 라오스로 출발하기 2주 전부터 도착한 뒤 4주까지 복용해야 한다.

문제는 약이 독해서 속이 메스껍고 구토 증세를 유발할 정도로 부작용이 심하다. 안전한 여행을 위해서는 복용하는 것이 좋지만, 사람에 따라 복용의 부작용이 심할 수도 있으므로 여행지에서 조심하는 것이 나을 수도 있다. 결국 예방약을 복용하는 것은 여행자의 선택이자 몫이다. 여행중 심한 고열 증세가 발생하면 바로 병원으로 이동해 필요한 조치를 받자. 감기 증세와 비슷하다고 감기약으로 대체한다면 병을 악화시킬 수도 있다.

장티푸스

오염된 물이나 비위생적인 음식으로 인한 세균성 질병이다. 감염되면 설사·식욕부진·발열 증세가 나타난다. 라오스를 여행할 때 길거리 음식이나 익히지 않은 음식을 먹을 경우 발생할 확률이 높다. 따라서 라오스 여행시 꼭 생수를 사서 마시거나 음식은 익혀서 먹고 길거리 음식을 가려서 먹는 것이 최선의 방법이다. 장티푸스 백신으로 예방하려면 항체가 형성될 수 있도록 출발하기 2주 전에 가까운 보건소나 병원에서 접종하는 것이 좋다.

뎅기열

뎅기열 바이러스에 감염된 모기에 물려 발생하는 질병이다. 갑작스러운 고열·두통·근육통·관절통의 증상이 나타난다. 우기가 시작되면 발생할 확률이 높아진다. 사람 간에 전염되지는 않지만 백신이나 예방약이 딱히 없다. 외출시 모기 기피제를 사용하고 증상이 나타날 경우 현지 병원을 찾아야 한다.

설사

라오스 여행중 위생적이지 않은 음식을 섭취해서 발생하는 질병이다. 설사약을 복용하거나 길거리에서 파는 얼음이 들어간 음료를 주의해야 한다. 얼음이 들어간 음료는 가급적 피하는 것이 가장 좋은 예방법이다. 설사에 대비해서 비상약을 준비하면 좋다. 자세한 사항은 질병관리본부 홈페이지(travelinfo.cdc.go.kr)를 참조하자.

2. 라오스 약국 및 병원

약국에서는 처방전 없이 소화제·감기약·진통제 등을 구입할 수 있다. 약값도 저렴하기 때문에 부담이 없으며, 병원 또한 비용적인 부담 없이 이용할 수 있다. 약국은 비엔티안을 비롯한 도시마다 종합병원 시설이 갖추어져 있어 간단한 응급처치나 혈액검사 등을 받을 수 있다. 여행을 하던 도중에 말라리아나 뎅기열 등이 의심된다면 지체 없이 병원을 이용하도록 하자.

라오스에 가면 꼭 사와야 할
인기 쇼핑 품목

라오스 커피

라오스는 해발 1,200m의 볼라벤 고원(Bolaven Plateu)에서 아라비카 종의 커피가 재배된다. 프랑스령이던 라오스는 그 영향으로 커피농장을 만들었으며, 향이 강하고 달콤하며 질이 우수한 유기농 커피를 재배하고 있다. 라오스에는 다오(Dao), 시눅(Sinouk), 마운틴(Mountain) 등 커피회사가 3개 있다. 가장 큰 회사인 다오 커피의 인스턴트 믹스커피는 커피·프림·설탕이 포함되어 있으며, 커피의 진한 맛에 따라 오리지널·프리미엄·에스프레소로 나뉜다. 한국 믹스커피보다는 단맛이 강하며 부드럽다. 선물용으로 좋은 원두나 믹스커피는 비엔티안의 홈아이딜(Homeideal), 루앙프라방 몽족 야시장에서 쉽게 만날 수 있다.

헤어팩

독특한 향이라거나 특별히 질이 우수하지는 않지만 가격 대비 적당한 질을 유지하고 있어 여행자들의 흔한 쇼핑 목록 중 하나다. 라오스는 일찍부터 강한 햇빛 때문에 헤어팩 종류가 발달했다. 튜브용의 선실크 헤어팩을 추천한다. 비엔티안 홈아이딜, 방비엥 마트 등에서 살 수 있다.

천연비누

민감한 피부를 가진 여행자에게 라오스 천연비누는 최적의 쇼핑 품목이다. 그 중 특히 허브로 만든 천연비누가 유명하다. 비엔티안 홈아이딜, 방비엥 마트에서 구입할 수 있다.

바나나 카스테라(ELLSE)

어린이들을 위한 선물을 준비할 때는 바나나 카스
테라를 선택하자. 부드럽지만 달지 않은 맛이 일
품이다. 홈아이딜이나 각 도시의 미니마트에서 구
해보자.

다오 프룻(Dao Fruits)

라오스에는 과일을 말려 만든 과일칩이 많다. 코
코넛·바나나·파인애플·고구마 등 설탕을 첨가하
지 않은 과일칩은 어린이들을 위한 간식용이나 술
안주로 그만이다. 비엔티안 홈아이딜, 방비엥 마
트, 루앙프라방 모닝마켓 등에서 구입할 수 있다.

과일잼

라오스는 열대 과일의 천국이다. 한국에서 쉽게
맛볼 수 없는 파인애플, 바나나 등으로 만든 잼을
구입해보자. 결코 후회하지 않을 맛깔스러움이 있
다. 비엔티안 홈아이딜, 루앙프라방 모닝마켓에서
구해서 꼭 맛보도록 하자.

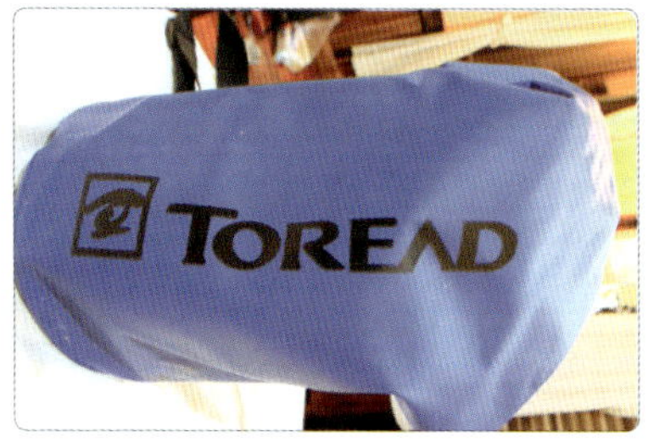

방수팩

라오스에는 물놀이를 많이 한다. 방수팩을 이용하면
안전하게 물놀이를 즐길 수 있다. 방수팩 안에 물건
을 넣고 돌돌 말면 된다. 비엔티안 홈아이딜, 방비엥
마트에서 팔고 있다.

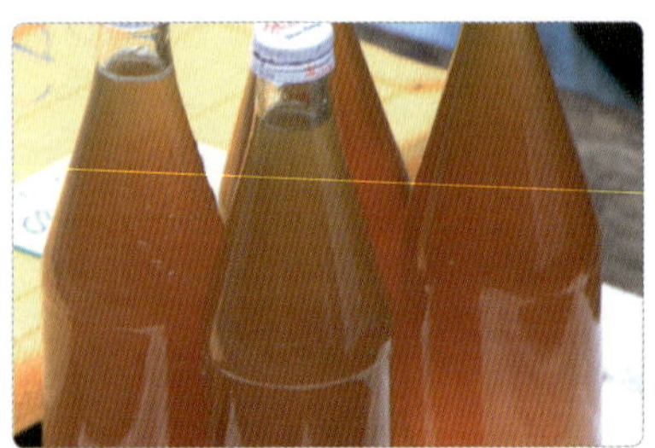

석청(꿀)

라오스는 청정국가로, 특히 방비엥은 고산지대라서 꿀이 많이 생산된다. 일반 벌보다 큰 석청 벌이 생산한 석청이나 목청은 라오스가 자랑할 만한 특산품이다. 비엔티안 홈아이딜, 방비엥 마트, 루앙프라방 몽족 야시장에서 구입해보자.

코끼리 슬리퍼

코끼리 모양의 수를 놓아 라오스의 멋이 그대로 담겨 있다. 일단 푹신푹신하고 저렴하기 때문에 한국에서 겨울 실내용으로 그만이다. 루앙프라방 몽족 야시장에서 쉽게 구할 수 있다.

천으로 만든 부채

한지나 종이로 만든 한국의 부채와 달리 라오스 부채는 천으로 제작된다. 그래서 부칠 때 더 시원하다. 느낌마저 특이해서 지인들을 위한 선물이 고민스러울 때 고려해볼 만하다. 루앙프라방 몽족 야시장에서 볼 수 있다.

파우치와 스카프

라오스 사람들은 손재주가 좋아 고급스러운 수공예품이 많다. 그 중에서도 직물은 최고다. 수많은 소수민족들이 모여 사는 라오스라서 민족마다 개성 넘치는 무늬와 색깔로 수를 놓는다. 동전지갑·필통·에코백 등 종류가 다양하다. 루앙프라방 몽족 야시장, 위스키 빌리지에서 구입해보자.

흑생강

한국의 인삼보다 사포닌 성분이 3~4배 많기로 유명하다. 말린 흑생강은 차로 마셔도 좋고 음식을 조리할 때 첨가해도 좋다. 부모님들을 위한 쇼핑 목록으로 안성맞춤이다. 방비엥 여행자 거리, 루앙프라방 모닝마켓에서 구입할 수 있다.

상황버섯

항암 효과에 탁월할 뿐만 아니라 면역력 향상에 최고인 상황버섯도 쉽게 볼 수 있다. 말린 채로 팔며 방비엥 여행자 거리, 루앙프라방 모닝마켓에서 팔고 있다.

유기농 뽕잎차

라오스에서는 자연 그대로의 제품이 생산된다. 마트를 비롯한 마켓에서 손쉽게 뽕잎차를 볼 수 있으며, 특히 방비엥의 오가닉 팜(Organic Farm)에서는 유기농 뽕잎차를 팔고 있다. 고혈압·두통에 탁월하니 선물하기에도 좋다.

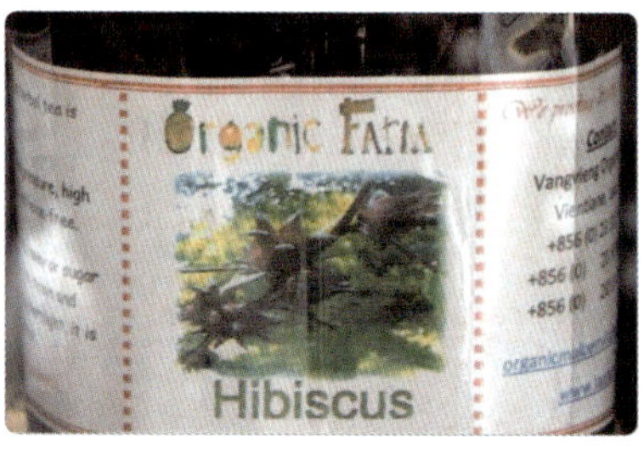

히비스커스차

일명 연예인차, 다이어트차로 유명하다. 시큼한 맛이라서 먹기에 불편하지만 노폐물 제거, 체지방 분해, 피로회복에 좋은 차다. 루앙프라방 모닝마켓, 방비엥 오가닉 팜에서 만날 수 있다.

여행의 즐거움,
라오스 먹을거리

카오냐오(Khao Niaw, 찹쌀밥)

라오스의 주식으로, 화덕 위에 물을 담은 통을 올려놓고 그 위에 찹쌀이 담긴 대나무 소쿠리를 올려 쪄낸다. 보통 팁카오(대나무 바구니)에 담겨 제공되며 째우(Jaew, 라오스식 양념장)에 찍어 맨손으로 먹는다.

카오 팟(Khao Phat, 볶음밥)

라오스에서 가장 흔하게 먹을 수 있는 음식으로 카오 팟 카이(닭고기 볶음밥), 카오 팟 무(돼지고기 볶음밥), 카오 팟 응우야(소고기 볶음밥) 등이 있다.

땀막훙(Tam Mak Houng, 파파야 샐러드)

라오스식 김치로 가늘게 썬 파파야에 젓갈, 매운 고춧가루, 향신료를 넣고 버무려서 양배추와 함께 먹는다.

삥(ping, 구이)

재료에 따라 삥까이(닭구이), 삥빠(생선구이), 삥빠닌(물고기 소금 구이) 등이 있으며 기름이 쏙 빠진 것이 특징이다.

카오삐약(Khaopiak, 칼국수)

쌀국수인 퍼의 면보다 면발이 굵으며, 닭뼈를 삶아서 육수를 만든다. 선지가 들어가는데 국물은 진하고 면발은 쫄깃하다. 면 위에 올려지는 고기의 고명마저 푸짐하다.

퍼(Pho, 쌀국수)

소뼈를 넣고 끓인 육수에 가는 면을 넣어준다. 고명으로 올려주는 돼지고기나 소고기에 각종 야채를 곁들여 먹는다.

넴느엉(Nem nuong, 돼지고기 어묵)

베트남 음식의 한 종류로 구운 돼지고기 소시지다. 돼지고기, 돼지고기 지방, 다진 마늘, 생선소스, 설탕, 후추를 반죽한 다음 하룻밤 동안 보관해 숙성시킨다. 소시지, 미트볼, 꼬치 형태로 판다.

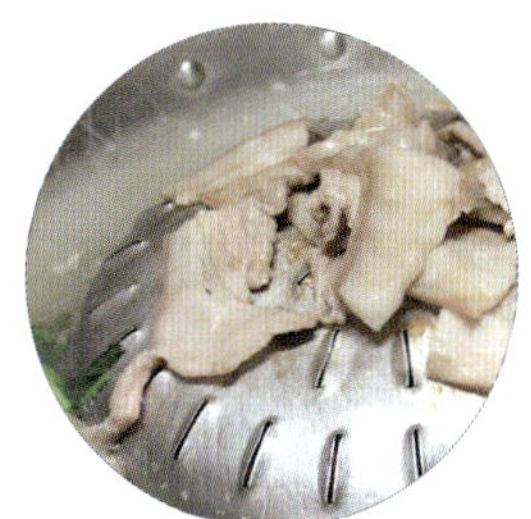

신닷(Sin Dat, 한국식 불고기)

우리나라의 삼겹살 구이와 샤브샤브를 섞은 퓨전 음식이다. 불판 가운데에서 고기를 굽고, 오목한 곳에 육수와 야채를 넣어 고기가 구워지면서 나오는 육즙으로 익혀서 먹는다.

카우찌 바떼(바게트 샌드위치)

라오스 길거리 음식의 대표 주자다. 바게트에 돼지고기 볶음, 채소, 양파, 쪽파, 오이, 토마토를 넣은 후 칠리소스를 뿌려 먹는다. 양도 많고 맛도 좋아 한 끼 식사로도 충분하다.

카오놈(Khao Nom, 라오스 간식)

라오스 시장에서 흔히 볼 수 있는 간식으로 라오스의 빵·과자·떡을 통틀어 이른다. 바나나 잎에 싼 쌀떡, 계란에 넣은 찹쌀밥 등 종류가 다양하다.

카놈 코코넛(코코넛 빵)

코코넛 밀크에 찹쌀가루·야채·버섯 등을 넣어 붕어빵처럼 구운 빵이다. 칠리소스에 찍어 먹으면 독특한 맛을 느낄 수 있다.

로띠(Lotti)

팬케이크와 비슷하며 반죽을 팬 위에 두르고 바나나·연유·계란을 넣어 네모나게 접는다. 그런 다음 노릇하게 구워 달콤한 소스를 발라서 먹는 라오스 대표 간식이다.

뻥꾸와이(바나나 구이)

작은 바나나를 구운 것으로 달콤
하며 쫄깃하다. 라오스 시장에서
쉽게 볼 수 있다.

비어라오(Beer Lao)

라오스의 국민 맥주로 고소하고
부드러운 '비어라오 라거', 프리
미엄 맥주인 '비어라오 골드', 묵
직한 '비어라오 다크', 100만 마
리의 코끼리를 뜻하는 '라네샹
(Lanexang)'으로 4가지가 있다.

라오라오(Lao Lao)

'라오스 술'이라는 뜻인 일종의 곡
주로 한국 소주와 비슷하다. 15도
의 발효주와 30도의 증류주가 있
다. 라오스의 재래시장에서 종종
볼 수 있는 뱀·전갈을 넣은 술에
는 라오라오가 들어 있다.

Tip 라오스 음식은 열대 지역의 특성상 맵고 짠 음식이 많다. 찹쌀밥·고기·생선에 주로 신선한 채소·허
브·고추를 첨가해서 음식을 만든다. 한국 음식처럼 깔끔하고 담백한 먹을거리가 많아 한국인도 쉽게 즐길
수 있다. 하지만 진한 향을 싫어하는 여행자는 음식을 주문할 때 고수를 빼달라고 주문하자.

여행의 즐거움을 더하는
라오스만의 매력

1. 라오스 열대 과일

마캄(Tamarind)

한국인에게는 생소한 과일로 콩과 식물인 타마린드를 말한다. 새콤한데 익으면 한국의 곶감처럼 단맛이 난다.

람야이(Longan)

포도송이 같은 갈색 열매로 과즙이 풍부해 시원하며 달콤하다.

망고스틴(Mangosteen)

열대 과일의 여왕이라고 불리며 보라색으로 즙이 많고 달며 새콤하다. 잘못 고르면 떫은맛도 있다. 수분 증발이 덜 되어 꼭지가 녹색인 것이 좋고, 큰 것보다는 작은 것이 좋다.

두리안(Durian)

양파가 썩은 듯한 고약한 냄새가 나지만 열대 과일의 왕이라고 불린다. 달콤하고 감칠맛이 난다.

용과(Dragon fruit)

선인장 열매로 속이 빨간 것은 달고 맛나며, 속이 하얀 것은 단맛이 없는 키위를 먹는 듯하다. 적색 용과는 암과 심장병을 예방하는 것으로 알려져 있고, 비타민C가 풍부하다.

람부탄(Rabutan)

성게 모양에 털이 있는 과일로, 반으로 가르면 하얀 과육이 나오는데, 젤리처럼 쫄깃하며 단맛이 난다.

 라오스 여행중 어디에서나 열대 과일을 쉽게 접할 수 있다. 특히 열대 과일로 만든 생과일주스는 여행자뿐만 아니라 라오스인들도 가장 많이 마시는 음료다. 더 좋은 열대 과일을 즐기고 싶으면 5~10월 사이에 라오스 여행을 떠나보자.

2. 라오스 축제

라오스는 24절기 중 농업과 관련된 날이나 불교 기념일을 기준으로 축제가 열린다. 자세한 축제 일정은 라오스 관광청 사이트(www.tourismlaos.org)에서 확인하자.

분 삐 마이(Bun Pi mai, 신년 축제)

풍요의 계절이자 만물이 소생하는 몬순(우계)이 돌아왔다고 축하하는 라오스 최대 명절이자 신년 행사로 4월 중순에 열린다. 삐 마이는 '새해'라는 의미다. 3일 동안 행사가 진행되며 첫째 날에는 불상을 닦고 집안 대청소를 한다. 둘째 날에는 가족들이 모여 휴식을 취한다. 셋째 날은 분 삐 마이의 하이라이트로 행운의 숫자인 9의 의미처럼 나쁜 것을 씻어내고 좋은 복을 받기 위해 9개의 절을 돌며 불상에 물을 뿌리고 향유를 바른다. 불상을 씻은 성스러운 물로 더위를 이기고 악신을 쫓아내라는 의미로 가족이나 만나는 사람들에게 뿌리며 행운을 빈다.

분 방 파이(Bun Bang Fai, 로켓 축제)

모내기 직전에 대나무통 로켓을 하늘로 발사하며 비를 내리게 해달라고 비는 축제다. 라오스인은 이 축제 덕분에 비가 내린다고 생각한다. 5월 중순에 진행된다.

분 옥 판싸(Bun Oak Phansa, 우기가 끝나는 축제)

1년간의 수확을 축복하고 3개월 동안 수행을 끝낸 승려에게 시주하는 축제다. 밤에는 강가에 양초나 장식물을 띄워 복을 기원하기도 한다.

분 탓루앙(Bun That luang, 탓루앙 축제)

비엔티안의 파 탓루앙(Pha That Luang)에서 열리는 라오스 최대의 축제다. 왓 씨므앙(Wat Si Muang)에서 출발해 파 탓루앙으로 이동한다. 축제 기간에는 전국에서 사람들이 비엔티안으로 몰려들고, 탑을 돌면서 소망을 기원한다. 축제 기간의 탓루앙 광장에는 엄청난 규모의 장터가 열리며, 축제의 마지막 날에는 성대한 불꽃놀이 행사가 진행된다.

분 수앙 흐아(Bun Suang Heua, 보트 경기 축제)

우기가 끝나는 11월 메콩강에서 보트 경기 축제가 시작된다. 악신을 쫓기 위해 모형 보트를 만들어 강물에 띄우기도 한다.

3. 라오스 여행에서 꼭 해야 할 12가지

자전거 타고 구석구석 둘러보기

툭툭이나 썽태우 타보기

생과일주스 마시기

카약킹으로 메콩강 즐기기

짚라인 경험하기

길거리 음식 정복하기

롱테일 보트로 메콩강 즐기기

꽝시 폭포에서 다이빙하기

야시장 구경하기

탁발 체험하기

마사지로 힐링하기

시원한 카페에서 망중한 즐기기

이렇게 일정을 짜면
라오스가 즐겁다

◈ 3박 5일 추천 루트

1일차 • 공항 도착 + 방비엥 이동

2일차 • 방비엥(블루 라군 + 튜빙 + 짚라인) 관광

3일차 • 루앙프라방(꽝시 폭포 + 몽족 야시장) 관광

4일차 • 루앙프라방(여행자 거리) 관광 후 출국

◈ 4박 6일 추천 루트 1안

1일차 • 공항 도착 + 비엔티안(파 탓루앙 + 빠뚜싸이 + 호 프라깨우) 관광

2일차 • 방비엥(블루 라군 + 유러피안 거리) 관광

3일차 • 방비엥(탐 남 + 탐 쌍 + 카약 + 짚라인) 관광

4일차 • 루앙프라방(올드타운) 관광

5일차 • 루앙프라방(꽝시 폭포) 관광 후 출국

◈ 4박 6일 추천 루트 2안

1일차 • 공항 도착 + 방비엥 이동

2일차 • 방비엥(탐 남 + 탐 쌍 + 카약 + 짚라인) 관광

3일차 • 방비엥(블루 라군 + 유러피안 거리) + 루앙프라방 이동

4일차 • 루앙프라방(올드타운 + 롱테일 보트) 관광

5일차 • 루앙프라방(꽝시 폭포) 관광 후 출국

◈ 6박 8일

1일차 • 공항 도착 + 비엔티안(파 탓루앙 + 빠뚜싸이 + 호 프라깨우) 관광

2일차 • 비엔티안(씨엥 쿠완) 관광 + 방비엥 이동

3일차 • 방비엥(블루 라군 + 유러피안 거리) 관광

4일차 • 방비엥(탐 남 + 탐 쌍 + 카약 + 짚라인) 관광

5일차 • 루앙프라방 이동 + 루앙프라방(올드타운) 관광

6일차 • 루앙프라방(꽝시 폭포) 관광

7일차 • 루앙프라방(롱테일 보트) 관광 후 출국

◈ 8박 10일 추천 루트 1안

1일차 • 공항 도착 + 여행자 거리 산책

2일차 • 비엔티안(파 탓루앙 + 빠뚜싸이 + 호 프라깨우)

3일차 • 비엔티안(씨엥 쿠완) 관광 + 방비엥 이동

4일차 • 방비엥(블루 라군 + 유러피안 거리) 관광

5일차 • 방비엥(탐 남 + 탐 쌍 + 카약 + 짚라인) 관광

6일차 • 루앙프라방 이동 + 루앙프라방(올드타운) 관광

7일차 • 루앙프라방(꽝시 폭포) 관광

8일차 • 루앙프라방(롱테일 보트 + 몽족 야시장) 관광

9일차 • 루앙프라방(메콩강 산책 + 카페 망중한 즐기기) 관광 후 출국

◆ 8박 10일 추천 루트 2안

1일차 • 공항 도착 + 슬리핑 버스로 팍세 이동

2일차 • 팍세(왓 푸) 관광 + 시판돈 이동

3일차 • 시판돈(리피 폭포) 관광 + 루앙프라방 이동

4일차 • 루앙프라방(꽝시 폭포 + 롱테일 보트 + 몽족 야시장) 관광

5일차 • 루앙프라방(올드타운) 관광 + 방비엥 이동

6일차 • 방비엥(탐 남 + 탐 쌍 + 카약 + 짚라인) 관광

7일차 • 방비엥(블루 라군 + 유러피안 거리) 관광

8일차 • 비엔티안으로 이동 + 비엔티안(파 탓루앙 + 빠뚜싸이 + 호 프라깨우) 관광

9일차 • 비엔티안(씨엥 쿠완) 관광 + 출국

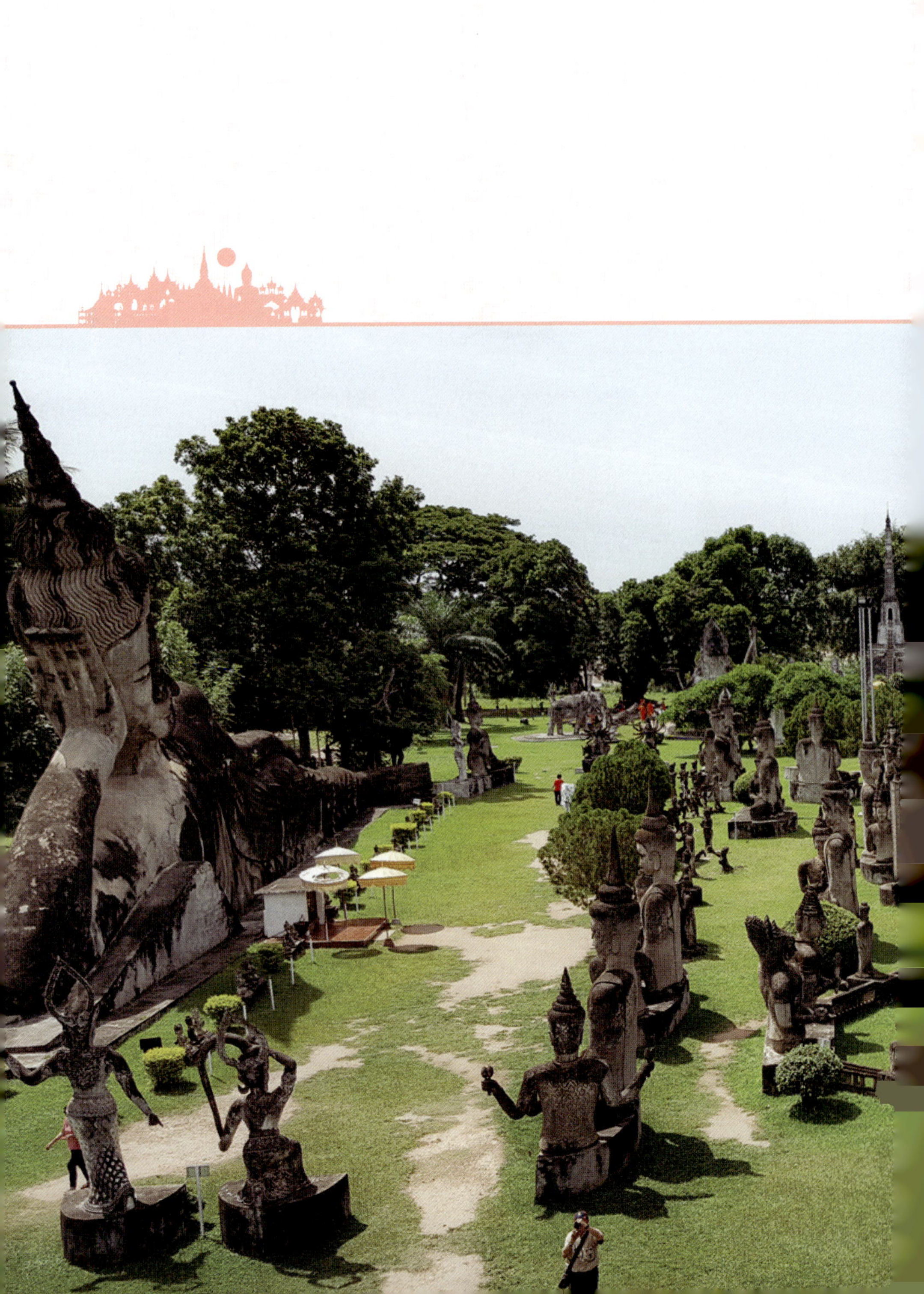

PART 2

싸바이디! 시간이 멈춘 곳,
라오스 5박 7일 여행기

첫째 날

라오스의 역사가 살아 숨쉬는,
비엔티안

L A O S

어떤 여행자는 수도에서 여행을 시작하면서 주변으로 뻗어나가기도 하고, 어떤 여행자는 유명한 관광지를 중심으로 돌기도 한다. 하지만 낯선 여행지를 익숙하게 만드는 으뜸은 그 나라의 수도와 호흡하며 하는 여행이다. 라오스에는 450년의 역사를 가진 비엔티안이 있다. 오토바이 소리와 함께 여는 라오스 여행 첫째 날, 비엔티안의 상징인 불교 사원과 라오스의 개선문을 소개한다.

일정 한눈에 보기

파 탓루앙 ▶ 빠뚜싸이 ▶ 왓 씨사켓 ▶

호 프라깨우

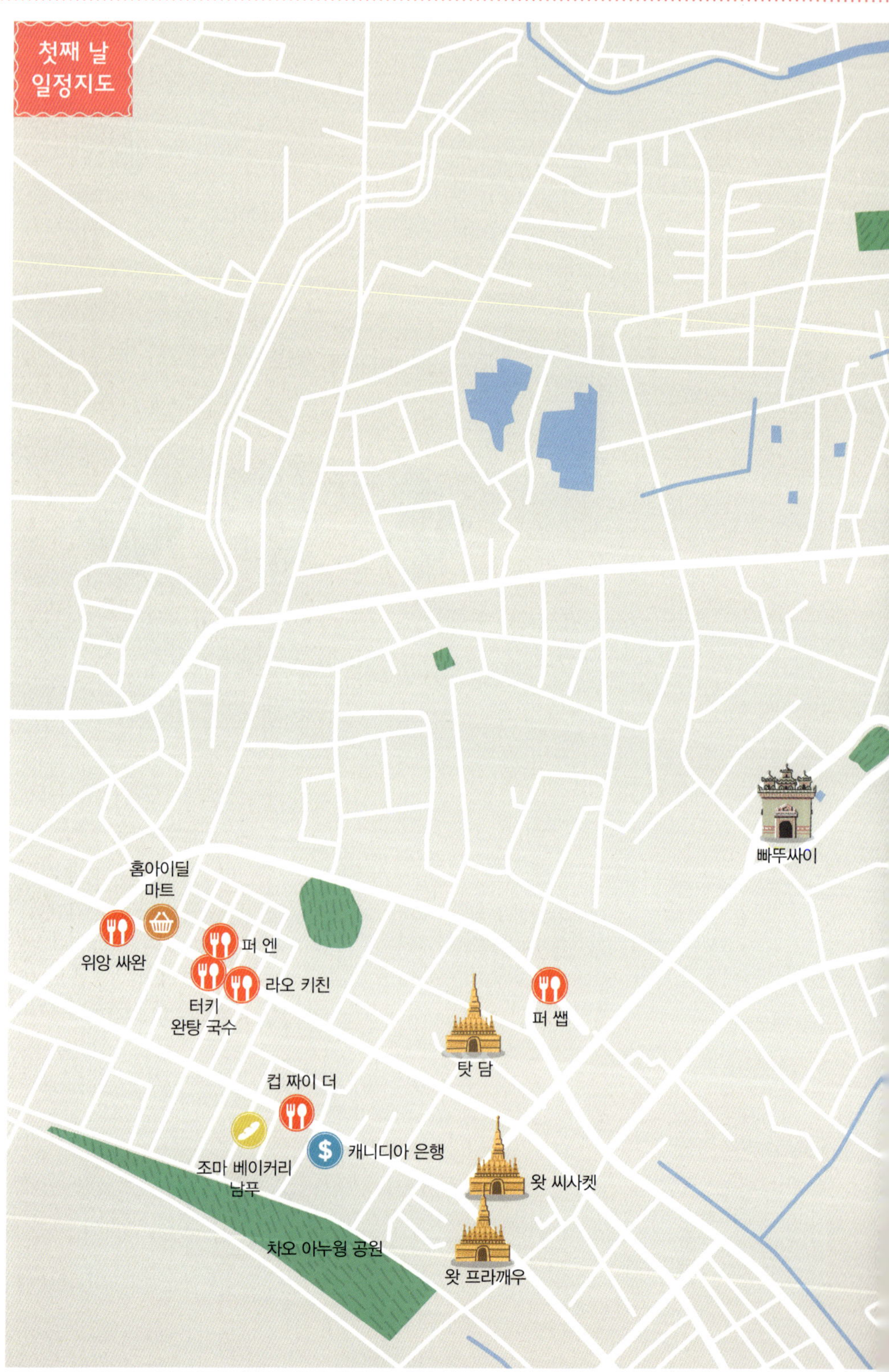
첫째 날
일정지도
빠뚜싸이
홈아이딜
마트
위앙 싸완
퍼 엔
터키
완탕 국수
라오 키친
퍼 쌥
탓 담
컵 짜이 더
조마 베이커리
남푸
캐니디아 은행
왓 씨사켓
차오 아누웡 공원
왓 프라깨우

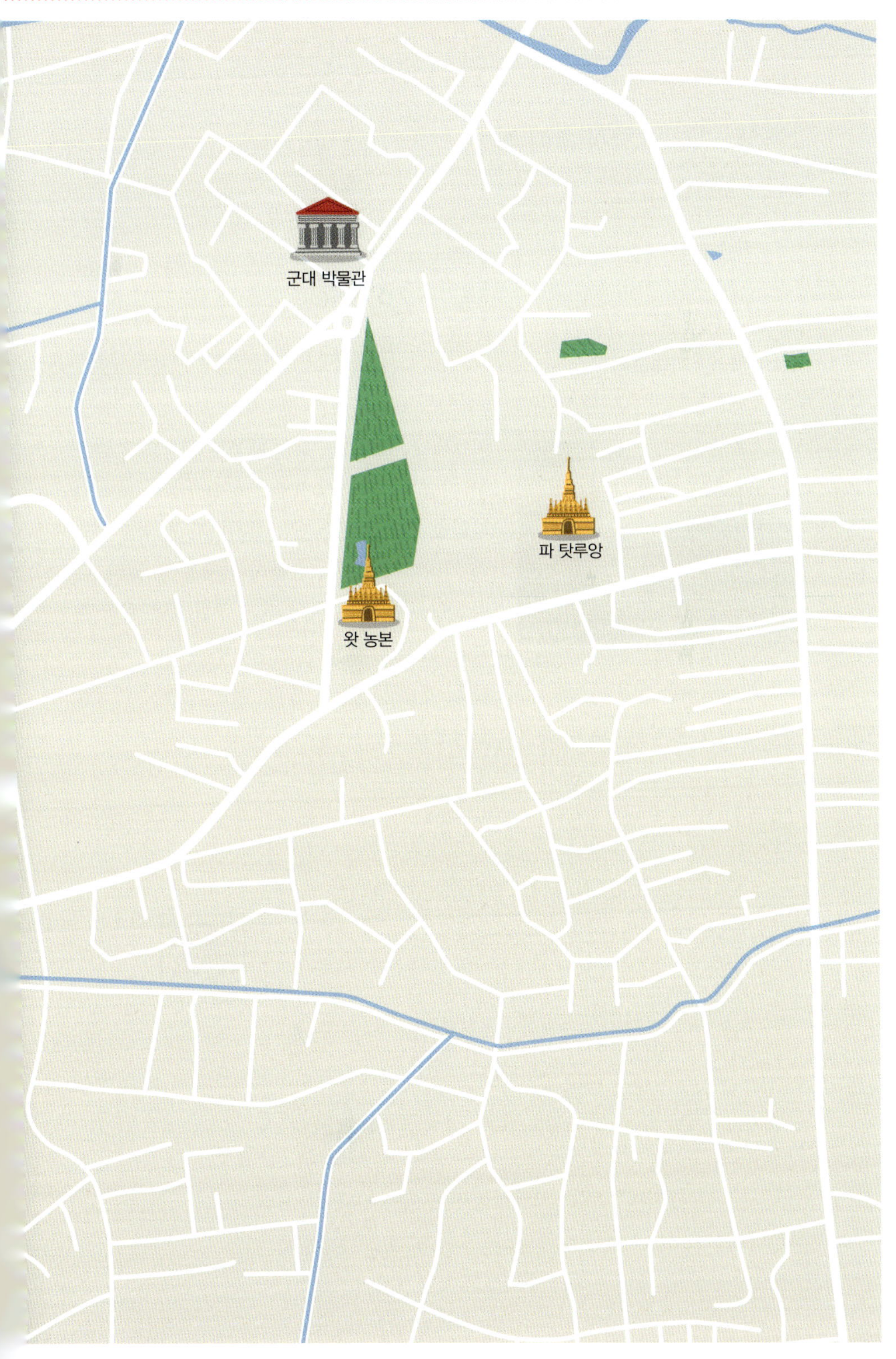

군대 박물관
파 탓루앙
왓 농본

비엔티안을 알차게 즐기려면
꼭 알아야 할 것들

1. 비엔티안 시내교통

자전거 대여점

비엔티안은 도시가 작기 때문에 도보로도 충분히 여행할 수 있는 지역이다. 대부분의 숙소가 자리한 메콩강 주변부터 볼거리가 가득한 여행자 거리까지 걸어서 충분히 살펴볼 수 있다. 다만 파 탓루앙, 빠뚜싸이, 씨엥 쿠완 같은 외곽 지역을 관광시 자전거·오토바이·툭툭·시내버스 등을 이용하는 것이 좋다. 더운 여름에 여행할 경우 도보보다 자전거로 더 유익하게 여행을 즐길 수 있으며, 여행자 거리의 자전거 대여점이나 게스트하우스에서 하루 1만K 정도로 대여할 수 있다.

> **Tip** 비엔티안은 '달의 도시'라는 의미를 지니고 있지만 이곳의 원래 발음은 '위앙짠'이다. 도시라는 뜻의 '위앙', 향기가 강한 나무 백단향이라는 뜻의 '짠'을 합쳐 '백단향의 도시'라는 뜻이 된다. 하지만 라오스가 프랑스의 식민 지배 당시 사용하던 프랑스식 표기가 영어로 읽히면서 '비엔티안'으로 불리게 되었다. 'V'는 'ㅂ'이 아니라 '우'나 '워'에 가깝게 발음한다.

> **동영상** 백단향의 도시 '비엔티안'
>
> 

> **Tip** 약 70만 명의 인구가 살고 있는 비엔티안은 라오스에서 가장 큰 도시이자, 정치·경제·문화의 중심지인 수도다. 메콩강 북쪽에 위치한 비엔티안은 프랑스의 식민 지배 흔적이 현대적 도시의 모습과 조화를 이루어 독특한 매력이 있다. 또한 20여 개의 사원, 왕궁, 박물관이 라오스의 역사를 고스란히 간직하고 있다.

비엔티안에서 환전하기

공항에서 환전을 하지 못한 여행자들은 비엔티안 시내에 있는 BCEL 은행이나 환전소를 찾으면 된다. 다만 주말에는 은행이 문을 닫기 때문에 사설 환전소를 이용하면 편하다. 비엔티안 여행자 거리에는 사설 환전소가 곳곳에 있으니 이용이 불편하지 않다.

BCEL 은행 가는 방법

① 남푸 분수를 정면으로 등지고 직진한다.

② 왼쪽에는 캐나디아 은행(Canadia Bank), 오른쪽에 BCEL 은행이 있다.

2. 비엔티안 시외버스 터미널

비엔티안에는 목적지의 방향에 따라 북부(북부 지역 방향), 남부(남부 지역 방향), 딸랏 싸오(비엔티안 외곽) 등 3개의 버스 터미널이 있다.

딸랏 싸오 터미널

시내버스 출발지이며 비엔티안 외곽 지역이나 방비엥으로 가는 노선이 운행된다. 시내에서 툭툭으로 5분 정도 소요되며, 이때 요금은 1만K 정도다. 태국으로 출국하거나 씨엥 쿠완으로 이동시 14번 버스를 탑승하면 된다.

남톰(Namthom)·사바나켓(Savannakhet)·팍세 (Pakse) 등의 라오스 남부 지역이나 하노이 (Hanoi)·훼(Hue)·다낭(Danang)·호치민(Hochiminh) 등의 베트남 주요 도시를 연결하는 버스가 운행 된다. 시내에서 약 9km 떨어져 있고, 29번 버스 를 타면 3천K, 툭툭을 타면 3만K 정도가 나온 다. 툭툭을 타면 30분 정도 소요된다.

목적지	버스	요금	운행시간	소요시간
남톰	로컬(에어컨 X)	4만K~	13:00, 14:30	
	익스프레스(에어컨 O)	4만 5천K~	계절마다 시간 변동(확인 필요)	
사바나켓	익스프레스(에어컨 O)	7만 5천K~	05:30, 06:00, 06:30, 07:00, 07:30, 08:00, 08:30, 09:00	9시간
	VIP	11만K~	20:30	8시간
	VIP(슬리핑)	12만K~	계절마다 시간 변동(확인 필요)	8시간
	로컬(에어컨 X)	11만K~	10:00, 12:30, 13:00, 13:30, 14:00, 14:30, 15:00, 15:30, 16:00	14시간
팍세	로컬(에어컨 X)	11만K~	10:00, 12:30, 13:00, 13:30, 14:00, 14:30, 15:00, 15:30, 16:00	14시간
	익스프레스(에어컨 O)	14만K~	07:15, 18:00, 19:00, 20:00	12시간
	VIP(슬리핑)	17만K~	20:30, 21:00	11시간
하노이		25K~	19:00, 19:30, 20:00	22시간
훼		20K~	19:30	22시간
다낭		25K~	18:30, 19:00, 20:00	24시간
호치민		60K~	19:30	

북부 터미널(키유롯메 느아)

방비엥·루앙프라방·우돔싸이(Udom Xay)·루앙남타(Luang Namtha) 등 북부 지역으로 가는 버스가 운행된다. 왓따이국제공항 근처에 있고, 비엔티안 시내에서 터미널까지 14번 버스를 타면 5천K~ 정도, 툭툭을 타면 3만K~ 정도를 지불하면 된다. 툭툭을 기준으로 소요시간은 20분 정도다.

목적지	버스	요금	운행시간	소요시간
루앙프라방	로컬(완행)	11만K~	06:30, 07:30, 08:30, 11:00, 13:30, 16:00, 18:00	12시간
	VIP	13만K~	08:00, 09:00, 20:00	11시간
	VIP(슬리핑)	15만K~	20:00, 20:30	11시간
우돔싸이	로컬(완행)	15만K~	06:45, 13:45, 17:00	15시간
	VIP	17만K~	16:00	14시간
루앙남타	로컬(완행)	18만K~	08:30, 17:00	20시간

3. 비엔티안 마사지

라오스 마사지는 스웨덴의 기름 마사지와 태국의 지압 마사지를 합한 형식이다. 종류로는 허브사우나, 발 마사지, 스웨덴식 마사지 등이 있다. 태국 마사지보다 강하지는 않지만 온몸을 들어 올려 꺾으면서 몸의 뼈가 제자리를 찾아가도록 한다.

참파 마사지(Champa Massage)

여행자 거리에는 3곳의 참파 마사지가 있다. 다른 곳보다 2~3만K 정도 비싸지만 시설이나 서비스가 좋다.

영업시간: 08:30~22:00   **전화번호:** 021-212-116

가격: 라오 마사지 60분 $10, 발 마사지 30분 $8, 아로마 마사지 60분 $26

다오 마사지(Dao Massage)

여행자들이 많이 찾는 마사지 숍 중 한 곳이다. 참파 마사지보다 가격이 저렴하면서 서비스도 괜찮다.

위치: 여행자 거리 근처 **영업시간:** 08:30~22:00

전화번호: 021-216-524

탄제린 가든(Tangerine Garden)

여행자 거리에서 가장 고급스러운 곳으로 스파와 마사지를 받을 수 있는 숍이다. 심신의 피로를 풀기 위해 여행자들이 많이 찾는다.

위치: 안사라 호텔(Ansara Hotel) 앞 **영업시간:** 09:00~22:00

홈페이지: www.tangeringarden.la **전화번호:** 021-251-452

4. 비엔티안 골프

라오스의 골프장은 주변 경관이 뛰어날 뿐만 아니라 캐디 비용까지 포함해서 저렴하게 골프를 즐길 수 있다는 장점 때문에 골퍼들이 많이 찾는다. 성수기에 일부 골프장은 예약이 필수일 정도로 인기가 많다.

라오 컨트리 클럽(Lao Country Club)

라오스 최초의 18홀 골프장이던 유스가든을 코라오 그룹에서 인수해 리모델링했다. 시내에서 14km 떨어진 곳에 위치하며 시설이 대체적으로 훌륭하다. 굴곡이 어느 정도 있지만 평이한 난이도이며 야간 골프도 가능하다. 다만 전동카가 없다는 흠이 있다.

위치: 비엔티안 시내에서 20분 거리 **비용:** 주중 $45

홈페이지: www.laocountryclub.com

부영 컨트리 클럽(Booyoung Country Club)

한국의 부영건설에서 지은 27홀 골프장으로 2010년에 오픈했다. 국제 경기도 가능한 규격을 갖추었으며, 클럽하우스에서는 한식도 먹을 수 있다. 전체적으로 기울기가 있지만 중·하급 난이도다. 메콩강 바람과 함께 골프를 즐길 수 있고 야간 골프도 가능하다.

위치: 비엔티안 시내에서 30분 거리

비용: 라운딩·케디·카트 포함 $55

홈페이지: www.segamesge.com

롱비엔 골프 클럽(Long Vien Golf Club)

라오스의 고위 관료들이 주로 이용했던 골프장으로 한국인들에게도 오픈되어 이용할 수 있다. 비엔티안에서 가장 큰 규모인 36홀이다. 우수한 시설이 장점이다.

위치: 비엔티안 시내에서 30분 거리

홈페이지: www.longvienggolfclub.com

덴사반 컨트리 클럽(Dansavanh Country Club)

300m 이상의 높이에 위치한 18홀 골프장이다. 다른 골프장보다 시원하게 그린을 즐길 수 있고, 무엇보다 남늠(nam ngum) 호수의 경관을 바라보며 라운딩을 할 수 있다.

위치: 비엔티안에서 북동쪽으로 1시간 거리

홈페이지: www.dansavnah.com

5. 비엔티안 숙소

성수기가 아니면 예약 없이 라오스에 도착해도 쉽게 숙소를 구할 수 있으며 흥정도 할 수 있다. 남푸 분수에서 메콩강 쪽으로 가다 보면 다양한 숙소들이 있다.

▶세타팰리스 호텔(Settha Palace Hotel)

70년의 역사를 자랑하는 2층 구조의 5성급 호텔이다. 고풍스러운 멋을 갖춘 최고급 호텔 중 하나다.

◆홈페이지: www.setthapalace.com

▶라오플라자 호텔(Lao Plaza Hotel)

다양한 부대시설(수영장 등)을 갖춘 5성급 호텔로 남푸 분수와 국립박물관 근처에 있다.

◆홈페이지: www.laoplazahotel.com

▶안사라 호텔(Ansara Hotel)

객실 15개를 소유한 호텔로 메콩강에서 도보 5분 거리에 위치해 있다.

◆홈페이지: www.ansarahotellaos.com

▶살라나 부티크 호텔(Salana Boutique Hotel)

여행자 거리의 중심인 왓 옹뜨 뒤편에 위치한 호텔로 총 42개의 객실이 있다. 직원들이 친절하다고 정평이 나 있다.

◆홈페이지: www.salanaboutique.com

▶ 라오 오키드 호텔(Lao Orchid Hotel)

가격 대비 우수한 호텔로 여행자 거리 중심에 위치해 있다. 이 호텔의 맞은편에는 여행사 폰트래블이 있다.

◆ **홈페이지:** www.lao-orchid.com

▶ 시티인 호텔(City Inn Hotel)

2008년에 오픈한 3성급 호텔로 깨끗한 시설이 장점이다. 세타팰리스 호텔과 가깝다.

◆ **홈페이지:** www.cityinnvientiane.com

▶ 봉캄센 호텔(Vongkhamsene Hotel)

3성급 호텔로 알찬 가격과 깨끗한 시설 등이 자랑이다. 메콩강변 근처라서 위치면에서도 여행자들에게 인기다.

◆ **페이스북:** www.facebook.com/VongkhamseneHotel

알찬 가격의 숙소($10~40)

▶ 미사이 파라다이스 게스트하우스(Mixay Paradise Guesthouse)

배낭여행자들이 선호하는 숙소 중 하나로 메콩강, 여행자 거리, 남푸 분수가 지근거리에 있다.

◆ **이메일:** laomixayparadise@yahoo.com, booking@mixayparadise.com

▶유스 인(Youth Inn)

가격 대비 시설이 좋아 배낭여행자들에게 인기 있는 숙소 중 하나다.

◆이메일: chansuelasasane@yahoo.com

▶수파폰 게스트하우스(Souphaphone Guesthouse)

메콩강과의 근접성이 최고라는 부분이 장점이며 숙소도 깔끔하다.

◆이메일: info@Souphaphone.net　◆홈페이지: www.souphaphone.net

▶비나캠 게스트하우스(Be Na Cam Guesthouse)

위치가 좋고 내부 시설도 깨끗하다. 조마 베이커리까지 도보 10분이며, 야시장·환전소·메콩강 등이 근거리에 위치해 있다.

파 탓루앙

Pha That Luang

'신성하고 위대한 불탑'이라는 뜻의 파 탓루앙은 라오스 불교의 상징으로 국가 문장과 지폐에 그려져 있다. 이 사원은 인도의 아소카(Asoka) 왕이 파견한 승려들이 가져온 부처의 가슴뼈(늑골) 보관 장소로 3세기에 처음 지어졌다가 13세기에 크메르 사원 형태로 재건되었다. 그 후 셋타티랏(Setthathirat) 왕의 독려로 1566년에 다시 세워진 황금 사원이다.

  파 탓루앙은 땅에서 하늘까지 이른다는 의미를 담아 3층 구조로 지어졌다. 전체적으로 단계가 오르면서 좁아지는 45m 높이의 피라미드 구조다. 탑의 바닥은 신도들이 올라갈 수 있도록 설계했고, 각 층은 계단으로 연결되어 있다. 층마다 다른 건축 양식은 부처의 가르침을 기호화한 것이라고 한다.

1566년에 세워질 당시에는 450kg의 금을 사용해 황금빛으로 물들였지만 여러 번의 약탈과 재건축을 겪으면서 현재는 금색으로 도색한 상태다. 도시가 공격당할 때마다 주요 약탈 대상이던 파 탓루앙은 1828년 시암 왕국의 침공으로 거의 잿더미가 되었다. 재건도 없이 방치된 상태로 머물다 1867년 프랑스인 건축가 루이스 델라포르트(Louis Delaporte)가 재건을 시도했지만 여러 번 실패하다가 1930년에 재건되었다. 그러나 라오스가 1940년 독립전쟁을 시도하면서 태국의 침공으로 다시 파괴되었고, 제2차 세계대전이 종결되면서 개축되었다.

사원의 입구에는 탑을 건축한 셋타티랏 왕의 동상이 있다. 파 탓루앙 주변에는 동서남북으로 4개의 사원이 있었으나 지금은 라오스 불교의 수장이자 최고 승려 쌍크랏(Sangkharat)이 기거하는 북쪽의 왓 루앙 느아(Wat Luang Nua)와 남쪽의 왓 루앙 따이(Wat Luang Tai)만 남아 있다.

이용 안내

◆ **운영시간:** 화~일 08:00~12:00, 13:00~16:00(월·공휴일 휴관) ◆ **입장료:** 5천K ◆ **주소:** Ban Nongbone, Vientiane ◆ **전화번호:** 20-95-210-600 ◆ **위치:** 비엔티안 대통령궁에서 북쪽으로 3km

Tip 분 탓루앙이 열리는 파 탓루앙

매년 11월이면 분 탓루앙이 열린다. 이 기간에는 승려들의 탁발 의식 속에서 탑돌이의 기원 의식이 거행된다. 라오스 사람은 탓루앙 축제에 참석하는 것이 평생의 소원이라고 한다. 불교와 라오스 주권을 상징하는 파 탓루앙을 방문해 불교 사원이 지니는 의미를 마음속에 담아보자.

동영상 신성하고 위대한 사원 '파 탓루앙'

450kg의 황금으로 둘러싸여 있던 파 탓루앙은 찬란했던 과거를 버리고 벗겨진 금색칠만 머금고 있었다. 자전거를 타고 빠뚜싸이(개선문)를 지나다 페달에 힘을 주자 황금색을 품은 탑이 눈에 들어왔다. 사원 주변에는 여의도물빛 광장을 연상시키듯 광활한 광장이 자리하고 있었다. 입구로 들어서니 셋타티랏 왕의 동상이 우리를 반겼다.

동상 아래는 꽃들로 가득했고, 사람들의 기도가 더위마저 삼키고 있었다. 뾰족한 탑의 끝이 파란 하늘을 찌를 듯 날을 세우고 있었고, 탑의 기단은 두 손을 모은 아이와 할머니의 정성스러운 마음으로 가득 채워지고 있었다.

왓 루앙 따이로 발길을 옮겨보니 동자승들이 청소를 하고 있었다. 여기가 최고 승려가 머무는 왓 루앙 느아인지 물어보니 웃음을 지으며 고개를 끄덕여준다. 내 말을 알아들었을지, 아니면 알면서도 짓궂게 잘못 가르쳐주는지 약간 어리둥절하다. 조용한 경내 사원에 천진한 동자승 웃음이 퍼져나갔다.

파 탓루앙

어떻게 가야 할까?

▶ **남푸 분수에서 자전거로 이동하는 방법**

① 비엔티안 시내의 이정표인 남푸 분수를 정면으로 보고 오른쪽의 아이비스 호텔(Ibis Hotel)로 이동한다.

② 직진하면 오른쪽에 대통령궁이 있다. 대통령궁을 등지고 직진하면 오른쪽에 왓 씨사켓이 보인다.

③ 300여m를 직진하면 빠뚜싸이이다. 빠뚜싸이를 왼편에 두고 계속 앞으로 나아간다.

④ 탓루앙 이정표가 나오면 화살표 방향으로 간다.

(5) 300여m를 직진하면 오른쪽에 '현대'라고 적힌 건
물이 있다. 이 건물을 지나 200여m를 이동하면
정면에 파 탓루앙 중앙탑이 보인다.

(6) 400여m를 직진하면 광장이 보인다. 광장을 왼편
에 두고 오른쪽으로 직진한다. 광장을 가로질러
셋타티랏 왕의 동상을 지나 입장해도 된다.

(7) 로터리까지 직진 후 그곳에서 좌회전해서 직진하
면 왼쪽에 왓 루앙 따이 입구가 나온다.

▶ 빠뚜싸이에서 도보로 이동하는 방법

(1) 빠뚜싸이를 왼쪽에 두고 직진한다.

(2) 오른쪽 현대 건물을 지나 직진한다.

③ 400여m를 직진한 후 사거리를 지나면 광장이 나온다.

④ 광장을 가로질러서 계속 걷다 보면 셋타티랏 왕의 동상이 보인다.

▶ 남푸 분수에서 툭툭으로 이동하는 방법

남푸 분수에서 툭툭으로 10분 정도 이동한다. 비용은 3만K 정도다.

Tip 라오스 빨래방

여행중 가장 신경 쓰이는 것이 빨래다. 특히 라오스는 찌는 듯한 무더위가 기승을 부리는 지역이라 하루에도 몇 벌의 옷을 갈아입어야 하는 경우가 있다. 땀에 젖은 옷을 여행 내내 가지고 다닐 수도 없고, 적은 양이 아니라면 매일 숙소에서 빨래하는 것도 만만치 않다. 특히 대부분의 숙소에서는 빨래하는 것을 금지하고 있다. 대신 라오스에는 곳곳에 간판 없는 빨래방들을 쉽게 찾을 수 있고, 몇몇 숙소에서 세탁 서비스를 제공한다. 아침에 빨래를 맡기면 오후 정도에 찾을 수 있고 비용은 1kg에 8천~1만 5천K 정도다.

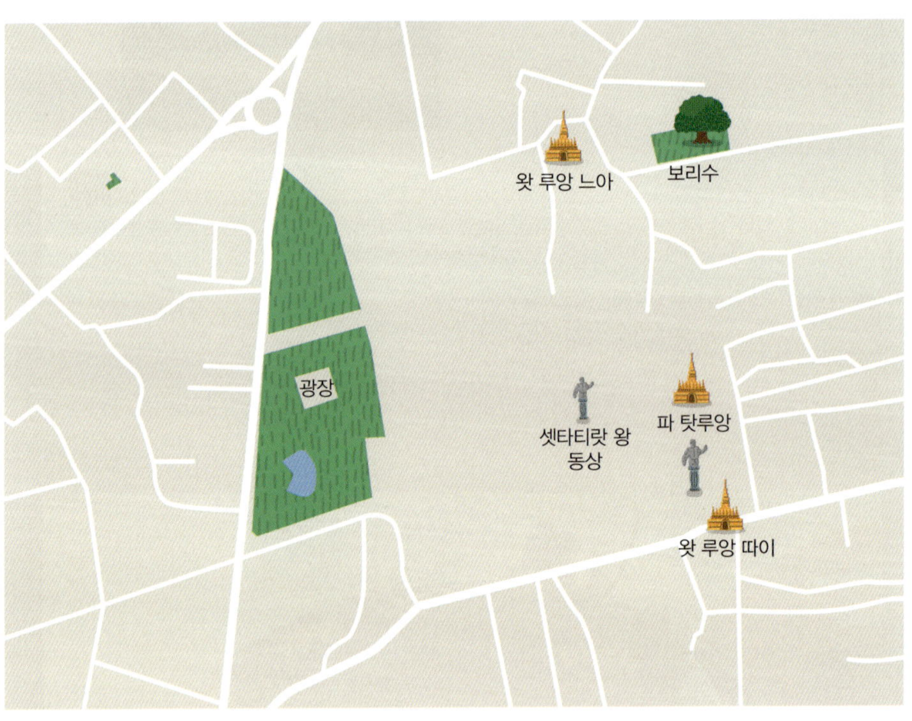
왓 루앙 느아
보리수
광장
셋타티랏 왕
동상
파 탓루앙
왓 루앙 따이

파 탓루앙

어떻게 즐겨볼까?

파 탓루앙의 앞 광장

화요일을 제외한 평일에 큰 장터가 열려 관광객을 위한 먹을거리와 볼거리를 제공한다. 특히 큰 스님들의 다비식(茶毘式)이나 라오스 최대의 불교 축제인 '분 탓루앙'이 열린다. 축제의 하이라이트는 불교에서 신성시하는 흰 코끼리를 맨앞에 세운 행진이다.

셋타티랏 왕의 동상

버마(현 미얀마)의 침공에서 라오스를 구원한 영웅이자 라오스 역사에서 위대한 지도자 중 한 명이다. 수도를 루앙프라방에서 비엔티안으로 옮겼다. 동상이 앉은 형태인 이유는 그동안 많은 일을 했으니 좀 쉬라는 라오스인들의 마음이 담겨 있기 때문이다.

회랑

회랑의 벽면에는 라오스 현대 화가들의 다양한 작품이 있을 뿐만 아니라 수많은 불상·조각품·비석 등이 안치되어 있다. 회랑에 안치된 불상은 보수 공사가 시급하고 역사적 연구가 필요하지만 누수와 훼손이 진행중이다.

기단

69m² 넓이의 제일 바깥 부분으로 지하세계를 상징한다. 연꽃문양의 벽으로 구성되어 있다. 기단 4면의 중앙에는 절을 하고 공양을 하는 전각 '호 와이(Ho Vay)'가 마련되어 있다. 호 와이는 크메르, 인도, 라오스의 건축 양식을 혼합해서 지어졌다.

30개의 탑

석가모니의 공덕상을 30가지로 보고 만들었으며, 석가모니처럼 30가지의 선행을 실천하라는 의미로 만들었다.

중앙탑

라오스 특유의 화려한 장식이 돋보이는 45m의 탑으로 연꽃 봉우리를 형상화하고 있다. 부처의 머리카락과 가슴뼈(늑골)를 소장한다. 비엔티안의 가장 화려한 상징으로 손꼽히며 이 탑을 중심으로 시계 방향으로 탑돌이를 한다.

왓 루앙 느아(Wat Luang Nua)

라오스 불교의 수장인 쌍크랏이 기거하는 라오스 불교의 총본산지다.

왓 루앙 따이(Wat Luang Tai)

석가모니가 누워 돌아가신 모습을 새긴 열반상인 와불상이 마련되어 있으며 와불의 손바닥이 얼굴을 받치고 있는 것과 발바닥에 '법륜'이라고 부르는 법의 수레바퀴가 새겨져 있는데, 이는 열반 후의 모습을 상징한 것이다.

보리수와 불상

보리수 그늘에는 명상에 잠긴 황금색 부처상들을 볼
수 있다. 보리수 양쪽에는 중생들의 기도를 모두 들
어주겠다는 의지로 오른손은 들고 왼손은 내린 불상
이 있다. 중앙의 사원 벽면에는 부처님의 일상이 조
각되어 있다.

부도탑

사원의 옆과 뒤의 뜰에는 유골을 담은 항아리를 모신
크고 작은 묘탑들이 있다. 사원은 죽은 이의 무덤 역
할을 한다.

Tip1 계단 난간의 용

파 탓루앙에는 유물 복원 작업을 하면서 만든 형
상이 그대로 남아 있다. 계단 난간은 뒤의 용이 앞
의 용을 삼키는 모양인데, 뒤의 용은 프랑스, 앞의
용은 라오스를 상징한다고 한다. 뒤의 용 발바닥에
눌린 물고기는 라오스인을 상징한다.

Tip2 나가(Naga)

인도 신화에 나오는 반신격의 뱀으로 머리가 7개
다. 석가모니가 수행을 하는 동안 몰아친 비바람과
홍수에서 석가모니를 구했다고 한다.

놓치면 아까운 비엔티안 볼거리

남푸 분수(Nam Phou Fountain)

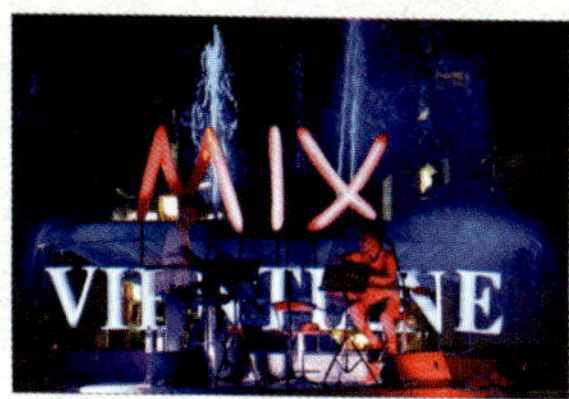

비엔티안의 중심지로 1960년 건설되었다가 2012년 재건축되어 새롭게 탄생했다. 남푸 분수는 비엔티안 여행자들을 위한 이정표 같은 곳으로 타논 셋타티랏(Thanon Setthathirat)에 있다. 세계 각국의 레스토랑, 숙박시설, 카페가 모여 있다.

운영시간: 24시간 **주소:** Rue Prangkham, Vientiane
가는 방법: 대통령궁 정문을 보고 오른쪽으로 도보 5분

대통령궁(Presidential Palace)

1973년 왕족들의 거주지로 짓기 시작했으며, 1986년 완공된 이후 정부 기능을 수행하고 있다. 일반인들에게 개방하지 않는다. 국가의 공식 행사에 쓰이고 있으며, 식민 지배를 받을 당시에 지어진 프랑스식 건물이다.

가는 방법: 호 프라깨우 정문을 보고 오른쪽으로 도보 3분

아누윙 왕 동상

비엔티안 왕국의 마지막 왕으로 대통령궁 뒤편 메콩강변에 위치하고 있다. 란쌍 지역의 완전한 독립을 위해 시암 왕국과의 독립 전쟁을 일으켰다. 저항의 상징으로 라오스인들에게 존경받는 인물이다. 아누윙 왕 동상은 라오스 곳곳에서 볼 수 있다.

가는 방법: 남푸 분수에서 메콩강변 방향으로 도보 10분

탓 담(That Dam)

'검은 탑'이라는 뜻을 가진 불탑이다. 라오스인들은 이 불탑에 1827년 시암 공격에서 라오스인들을 보호한 나가신이 살고 있다고 믿는다.

운영시간: 24시간 **입장료:** 무료 **주소:** Thanon Chantha Koummane, Vientiane

라오스 국립 박물관(Lao National Museum)

1925년 프랑스 주지사의 저택으로 처음 건설했다. 프랑스의 식민지이던 시절부터 공산주의 정부 수립까지의 역사뿐만 아니라 자유를 향한 투쟁의 역사 자료도 전시되어 있다.

운영시간: 08:00~12:00, 13:00~16:00(공휴일 휴무) **입장료:** 1만K **주소:** Thanon Semsenthai, Vientiane **전화번호:** 021-212-460

왓 옹 뜨(Wat Ong Teu)

'무거운 부처의 사원'이라는 이름에 걸맞게 가장 큰 청동 불상이 본당에 안치되어 있다. 16세기 셋타티랏 왕 때 건설이 되었으며, 1828년 시암의 공격으로 파괴되었다가 19세기에 복원했다. 왓 옹 뜨를 중심으로 북쪽에는 왓 하이쏙(Wat Hai Sok), 남쪽에 왓 짠따부리(Wat Chantaburi), 동쪽에 왓 미싸이(Wat Mixai), 서쪽에 왓 인빵(Wat In Paeng)의 4개 사원이 있다.

운영시간: 08:00~16:00 **임장료:** 무료 **주소:** Thanon Semsenthai, Vientiane

왓 시 무앙(Wat Si Muang)

행운의 절로 여겨지는 곳으로, 집안의 축복과 무사안일을 빌고자 라오스인들이 많이 찾는다. 건물 뒤쪽에 여러 층으로 쌓아놓은 제단에서 소원을 빌면 소원이 이루어진다고 한다. 부처님상을 모셔놓은 방에서 향을 피워 기도하고, 스님이 앉아 있는 방에서는 스님에게서 향기 나는 물 세례를 받을 수 있다.

운영시간: 06:00~19:00 **입장료:** 무료 **주소:** Thanon Samsenthai, Vientiane **위치:** 호 프라깨우에서 도보 15분 **전화번호:** 020-9969-0409 **홈페이지:** www.watsimuang.com

---

Tip2

왓 시 무앙의 전설

전설에 따르면 '시'라고 불리던 토착민 여인이 신의 노여움을 풀기 위해 사원의 기둥이 꽂힐 자리에 몸을 던져 자기 목숨을 바쳤고 그녀가 투신한 자리에 세워진 절이 왓 시 무앙이라고 한다. 라오스인들은 그녀의 정령이 왓 시 무앙을 보호한다고 믿으며 소원을 빌면 반드시 이루게 해준다고 생각한다.

빠뚜싸이

Patuxai

'승리의 문'이라는 뜻의 빠뚜싸이는 프랑스 독립전쟁에서 희생된 라오스 군인들을 기리기 위해 만들어졌다. 라오스 건축가 탐 사야트세나(Tam sayasthsena)가 1957년부터 설계해 1968년에 완성했다. 미국 정부의 대외원조법에 따라 새로운 공항 건설을 위한 시멘트와 자본을 미국 정부가 지원했지만, 라오스 정부는 이 자본으로 공항 대신 빠뚜싸이를 건설했다. 그래서 붙여진 빠뚜싸이의 별명이 '수직 활주로'다.

빠뚜싸이는 프랑스의 개선문을 본떠서 만들었지만 꼭대기의 탑과 내부의 천장은 라오스의 색감과 양식으로 만들어 이국적인 모습을 자랑한다. 동서남북의 4개 방향으로 문이 있으며 동서문은 란쌍 거리(Thanon Lan Xang)로 연결되는데 국가 주요 행사시 사용된다.

4개의 문 앞에 있는 연못은 연꽃을, 지상에서 연못 쪽으로 뿌려지는 물은 자연·산·복지·행복을 상징한다. 4개의 문 코너에는 라오스 신화의 상징인 나가신 동상이 있으며, 건물 꼭대기에는 5개 첨탑이 올려져 있다.

7층 건물 높이의 꼭대기에서 바라보는 비엔티안의 모습은 고층빌딩으로 둘러진 다른 도시의 모습과는 대조적으로 편안하고 고요한 모습을 자랑한다.

이용 안내

◆ **운영시간:** 월~금 08:00~16:30, 토~일 08:00~17:00 ◆ **입장료:** 전망대 3천K ◆ **주소:** Thannon Lan Xang, Vientiane ◆ **위치:** 란쌍 거리의 북쪽

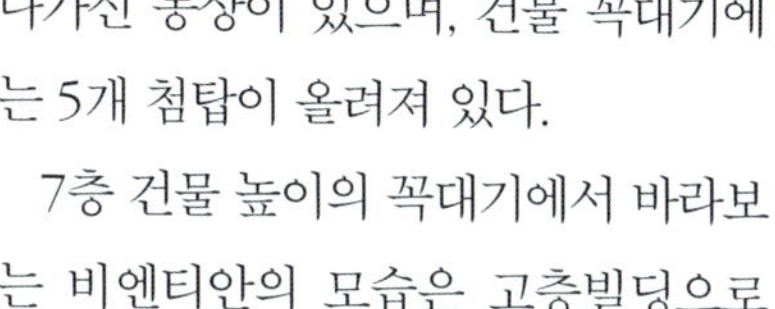

Tip 프랑스의 영향을 받은 빠뚜싸이

라오스는 프랑스에게 간접 통치를 받았지만 한국에 대한 일본의 지배처럼 잔혹하지는 않았다. 그래서 프랑스 개선문을 본떠서 빠뚜싸이를 세우는 데 거부 반응이 없었다. 라오스인들은 프랑스 같은 통치를 '프랑스 사람'을 뜻하는 '콘 플랑'이라고 이야기한다.

느낌 한마디

시원하게 솟구쳐 오르는 분수가 라오스를 덮친 무더위를 씻어준다. 입구에 자리한 분수대는 여행자들의 발걸음을 멈추게 한다. 그늘 아래로 자리를 옮기니 사방에서 불어오는 바람이 젖은 땀을 달랜다. 라오스의 심장부에 자리한 빠뚜싸이 전망대에 오르니 비엔티안 도심이 한눈에 들어온다. 곧게 뻗은 도로의 좌우에는 개발의 기운이 꿈틀대고 있었고, 그 기운의 끝자락에는 대통령궁이 자리하고 있었다.

빠뚜싸이 주변은 오토바이 소리로 가득하다. 승려복을 입은 동자승이 스마트폰에 비엔티안의 모습을 담느라 정신이 없다. 그런 동자승을 바라보다 라오스의 삶에 깊숙이 들어온 나를 발견한다. 전망대 아래 분수가 오르락내리락거리며 여행자들의 바쁜 걸음을 조금이나마 쉬어가게 한다.

빠뚜싸이

어떻게 가야 할까?

① 파 탓루앙의 광장을 등지고 앞으로 나아간다.

② 이정표가 보이기 시작하면 빠뚜싸이가 있는 쪽으로 향한다.

③ 빠뚜싸이 주차장까지 직진한다. 자전거나 오토바이를 타고 온 여행자는 주차장에 주차한다. 주차료는 3천K이다.

④ 빠뚜싸이 입구다.

남푸 분수에서 10분 정도 소요되며 비용은 2만K 정도다.

빠뚜싸이

어떻게 즐겨볼까?

천장의 벽면에는 힌두교의 신인 비슈누(Vishnu), 브라흐마(Brahma), 인드라(Indra), 연꽃, 코끼리 등을 조각해놓았다.

기념품 가게에는 라오스식 공예품, 기념품, 불상 조각 등을 판매하고 있다.

Tip 힌두교의 신

비슈누: 세계의 보존과 유지의 기능을 담당하는 신으로, 세상의 질서이자 정의인 다르마를 방어하고 인류를 보호하는 존재다. 힌두교의 신들 가운데 가장 자비롭고 선한 신이다.

브라흐마: 창조를 담당하는 신으로, 지혜와 지식을 상징하는 거위나 백조를 타고 있다.

인드라: 고대 인도 신화에 나오는 전쟁의 신으로, 사방과 사계를 지키는 수호천왕 중 한 명이다.

5개의 첨탑

불교의 원리인 온화함·유연성·정직·명예·번영을 상징하는 5개의 첨탑이다. 가운데에 있는 제일 큰 탑의 전망대에서 비엔티안 시내를 한눈에 조망할 수 있다.

첨탑 아래 지붕을 받치는 모형

인도 신화에 나오는 여신 긴나라(Kinnari)로, 사랑과 기쁨을 주는 신이다. 인간의 머리와 새의 몸으로 이루어진 모습이 특징적이다.

제일 큰 첨탑(전망대)

비엔티안 시내가 훤히 내려다보인다. 날씨가 좋은 날에는 남쪽으로 메콩강이 보인다. 길게 뻗은 일직선 도로의 끝에는 대통령궁이 자리하고 있다. 대통령궁 왼쪽으로는 호 프라깨우 사원, 맞은편에는 왓 씨사켓이 보인다.

빠뚜싸이 공원

빠뚜싸이 근처에는 분수대, 잔디밭, 간이식당이 조화롭게 자리하고 있어 빠뚜싸이를 관광한 후 가볍게 음료를 즐길 수 있다. 이곳은 아름다운 조경 덕택에 사진 포인트로도 유명하다.

> **Tip** 자전거나 오토바이를 렌트해서 빠뚜싸이를 방문시 한국처럼 길거리의 빈 공간에 주차를 하면 도난 당하거나 경찰의 단속을 받을 수 있다. 그러니 주차료를 지불하고 지정된 주차장에 주차해 피해를 최소화 하자.

오랜 역사를 품은 불상 갤러리,

왓 씨사켓

Wat Si Saket

비엔티안 왕국의 마지막 왕이던 아누웡(Anouvong) 왕이 1818년 시암 양식의 화려한 5층 지붕과 테라스로 건설한 곳이다. 1827년 시암이 침공할 당시 비엔티안 왕국이 전소되고 파괴되었지만 본부와 숙박 장소로 사용하던 왓 씨사켓은 손상되지 않았다. 프랑스의 식민 지배 시절인 1924년에 첫 복원공사가 진행되었고, 1930년 대규모 개축 공사를 진행하면서 완전하게 복원했다.

왓 씨사켓은 비엔티안에서 가장 오래된 사원으로 강력한 왕국으로서의 권위를 자랑했을 뿐만 아니라, 라오스 영주와 귀족들이 국왕에게 충성을 서약했던 장소다. 왕의 후원 아래 금·은 세공품, 사파이어 공예품 등을 전시했지만 현재는 유물과 유적이 손실되어 흔적만 남아 있다. 본전 내부의 벽감에 안치된 크메르 양식의 불상, 회

랑에 모셔진 120기의 불상, 바깥에 마
련된 불상들을 포함하면 총 1만여 개
의 불상들이 모셔진 불상 갤러리로도
유명하다.

이용 안내

◆ **운영시간:** 08:00〜12:00, 13:00〜16:00 ◆ **입장료:** 5천K ◆ **주소:** Thanon Lan Xang, Vientiane ◆ **전화번호:** 20-56-777-272

 **Tip** 사원 입장시 복장

라오스 사원을 입장할 때는 반바
지 차림으로 입장할 수 없다. 반바
지 차림의 관광객은 입구에 마련
된 천을 두른 후 입장해야 한다.

 **동영상** 세월을 품은 사원
'왓 씨사켓'

느낌 한마디

불상이 빼곡해서 세다가 지쳐버린다. 회랑에 있는 벽감 속 작은 불상부터 큰 불상까지 살펴보다
보니 어느새 한 바퀴를 돌았다. 마치 세계 테마기행을 주제로 한 다큐멘터리 영상을 보는 듯하다.
회랑을 지나 본전으로 향하니 파란 하늘의 구름이 한 폭의 수채화를 그려내고 있었다.
본당에 사진촬영 금지라는 주의 문구가 선명하게 붙어 있었다. 중요한 사원에 어김없이 표시되
는 경고 문구다. 황금색 불상 뒤 벽감 속에는 작은 불상이 빼곡하게 자리하고 있는데 앙증맞기까
지 하다. 테라스에는 한국의 징을 연상하게 하는 큰 청동이 걸려 있다. 중앙의 볼록한 부분에 손
을 얹어 소원을 빌면 된다고 한다. 경건하게 무릎을 꿇고 라오스 여행의 안전을 기원해본다. 소원
을 빌고 나서 주변을 둘러보니 사원을 거니는 여행자들의 모습에 엄숙함이 깃들여 있다. 왓 씨사
켓은 지나간 세월을 품고 있었고, 거기서 자연스럽게 나오는 경건함이 있었다. 사원을 벗어나자
땀이 비 오듯이 나면서 잊었던 무더위가 몰려온다.

왓 씨사켓

어떻게 가야 할까?

1 빠뚜싸이를 등지고 대통령궁 쪽으로 직진한다.

2 왼편에 딸랏 싸오 몰이 나온다.

3 정면에 대통령궁이 보인다.

4 왼쪽이 왓 씨사켓이다.

왓 씨사켓

어떻게 즐겨볼까?

입구에는 하얀색 불탑이 세워져 있고, 사원 내부에는 20개가 넘는 원형 기둥이 세모 모양의 지붕을 지탱하고 있다.

불상을 담아두는 공간인 벽감이 줄지어 있다. 벽감에는 조그마한 불상이 앞뒤로 2개씩 놓여 있다. 청동·석재·목재·소조 등 4가지로 만든 약 7천 개의 벽감 불상과 약 3천여 개의 큰 불상이 있다. 회랑에 세워진 120기의 불상들은 세월에 의한 누수와 손상이 심하게 진행되고 있다.

주존불인 석가모니상을 안치한 금당 내부다. 벽면 곳곳에는 아름다운 벽화로 가득하다. 본전에서는 사진 촬영이 엄격히 금지된다.

불상 앞에는 걸개형 나무 조형물이 있다. 나가 행우드(Naga hang wood)라고 부르며, 기우제를 상징하는 조형물로 뱀 모양으로 만들어 벽에 걸어둔다.

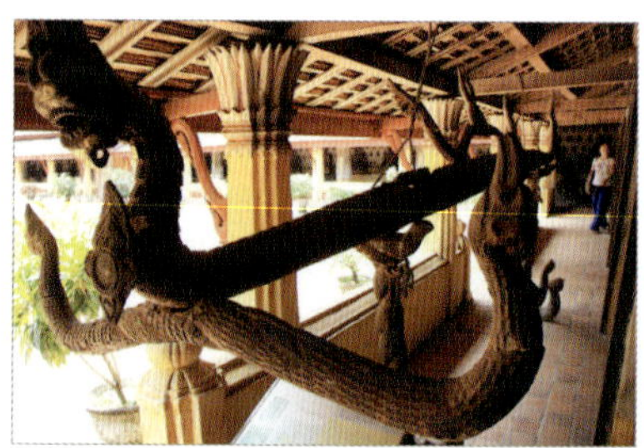

사원 앞마당에서는 새해가 되거나 국가적 행사가 있을 경우 각료들의 선서식을 비롯한 각종 행사가 진행된다.

왓 씨사켓의 입구에는 시원한 음료를 파는 간이매점이 있다. 간이매점의 나무 그늘에서 비엔티안의 무더위를 식히는 것도 여행을 즐기는 한 방법이다.

에메랄드 불상을 모셨던 사원의 근원지,

호 프라깨우(호 파깨우)

Haw Phra Kaew

에메랄드 불상을 모시기 위해 1565년 셋타티랏 왕이 건설한 사원이다. 프라깨우는 '에메랄드 불상(보석 불상)'이라는 뜻이다. 녹색 옥으로 조각한 66cm의 에메랄드 불상은 1432년 치앙마이의 폐허 속에서 발견되어 셋타티랏 왕이 옮겨왔다. 200년 이상 잘 유지되던 불상은 1778년 시암의 침략으로 딱신 왕이 탈취해갔다. 당시 빼앗긴 2개의 보물 중 '파방'은 1839년 태국이 반납해 현재 루앙프라방 왕실 박물관에서 보관하고 있지만, 에메랄드 불상은 여전히 태국의 '왓 프라깨우'에 안치되어 있다. 목조 건물이었던 호 프라깨우는 시암의 침략 당시 전소되었다가 1816년 아누웡 왕이 재건했지만, 태국과의 독립전쟁으로 다시 파괴된다. 지금의 호 프라깨우는 1936~1942년에 시멘트로 복구한 것이다. 본래 라오스 왕실 전용 사원이었지만 지

금은 그 역할을 수행할 수가 없어 사원이란 뜻의 '왓'을 빼고 '호 프라깨우'라고 부르며 1970년부터 박물관으로 개조했다. 지금은 승려도 없고 예불의식도 거행하지 않는다.

내부에는 국내 각지에서 모은 라오스 전통 불상이나 고대 유물, 드바라바티 (Dvaravati) 양식의 불상, 크메르 양식의 나가 불상이 전시되어 있다. 2천 개가 넘는 작은 벽감에는 은과 도자기 불상이 안치되어 있고, 300개가 넘는 라오스 양식의 좌상, 라오스어나 몬어로 새겨진 비석, 목각 공예, 야자수 잎에 쓴 필사본뿐만 아니라 돌부처부터 청동부처까지 모셔져 있다. 본당 내부는 사진 촬영은 금지되어 있으며, 본당 입실시 신발을 벗고 입장해야 한다. 역사적 의미보다는 태국과의 역사적 관계가 더 지난한 호 프라깨우를 방문해 라오스의 아픈 역사를 되새겨보자.

이용 안내

◆**운영시간:** 08:00~12:00, 13:00~16:00 ◆**입장료:** 5천K ◆**주소:** Thanon Setthathirat, Vientiane ◆**위치:** 왓 씨 사켓 정문의 도로 건너편

 드바라바티

타이 중부의 메남강 하류에 몬크메르계 민족이 처음 세운 왕국이다. 6세기 말부터 11세기까지 독립왕국을 유지하며 인도와 교류했다. 그래서 힌두 양식의 영향을 많이 받았다. 그러다 11세기 캄보디아의 크메르에 정복되면서 인도 문화의 힌두 양식을 전파하는 중요한 역할을 수행했다.

동영상 에메랄드 불상 사원 '호 프라깨우'

호 프라깨우를 한참 올려다보았다. 호 프라깨우는 그렇게 오랜 시간 여행자들의 시선을 머물게 만드는 힘이 있었다. 서울 도심에 경복궁이 있다면 비엔티안에는 호 프라깨우가 있다. 정원은 정갈하게 정리되어 있었고, 한쪽에서는 웨딩 촬영으로 웃음이 가득하다. 웨딩 촬영 장소로 유명할 만큼 호 프라깨우는 아름답다. 박물관 내부로 발걸음을 옮겨본다. 왕실 사원이었던 과거의 위용만큼이나 화려하다. 박물관이라는 명색에 걸맞게 화려한 불상들로 가득하다. 이어진 또 다른 불상 갤러리를 구경한다. 우리나라의 서산 마애삼존불을 연상시키는 돌조각도 있다. 불상이 지어주는 은은한 미소가 반갑기까지 하다. 고개를 돌리니 유적 답사라도 온 듯 학생들이 가득하다. 무더위에 연신 손부채를 하면서 메모하는 모습에 라오스인들의 역사 사랑을 느껴본다. 잠시 매점에서 갈증을 달래고 다시금 박물관으로 걸음을 옮겨본다. 목을 축이고 2번이나 찾아볼 만큼 볼거리가 풍부한 곳이 호 프라깨우다.

호 프라깨우

어떻게 즐겨볼까?

계단 양쪽에 나가가 있다. 산크리스트어로 나가는 뱀을 의미하며, 인도 신화에서 대지를 지키는 뱀으로 코브라 등의 독사를 가리킨다. 나가는 아시아 문명의 중요한 원천으로 숭배의 대상이며 풍요를 상징한다.

천정 지붕 아래에는 라오스 왕족의 상징인 3마리 코끼리가 부조되어 있다. 라오스의 옛 국가 이름은 '100만 코끼리'라는 뜻의 란쌍이었고 코끼리는 강력한 군사력을 의미한다.

입구 양쪽 끝에는 드바라바티 양식인 두 종류의 청동 입불상이 있다. 손바닥을 내민 불상은 평화를 기원하며 싸움을 멈추라는 의미이고, 손바닥을 펴고 땅을 가리키는 불상은 풍요의 의미로 비를 내려달라는 뜻이다.

출입문 옆의 압사라(Apsara)는 천상의 무희로 우아한 춤을 추는 상상의 여인이다. 힌두교 신화에 나오는 물의 요정인 압사라만 보아도 호 프라깨우가 힌두 사원의 특징을 이어받은 것을 알 수 있다. 다만 호 프라깨우의 압사라상은 요염함보다는 불교의 모습이 더 가미된 정적인 모습이다.

오랜 명맥을 유지해온 쌀국수 전문점,

퍼 쌥

Pho Zap

1958년에 가게를 연 퍼 쌥은 비엔티안에서 가장 오랜 전통을 유지해온 쌀국수 전문점이다. 고명으로 올리는 고기로 돼지고기·소고기 중 선택할 수 있다. 쌀국수의 크기는 작은 것(Small), 큰 것(Large), 매우 큰 것(Jumbo)이 있지만 작은 사이즈도 충분한 양이 제공된다.

매운맛을 좋아하는 여행자들은 테이블에 놓인 핫소스를 첨가하면 좀더 깔끔하게 먹을 수 있다. 다만 라오스 고추는 우리의 상상보다 훨씬 맵다. 그리고 한국 고추장처럼 단맛이 전혀 없는 매운맛 일색이니 유의하자. 야채 접시에 같이 나오는 레몬을 짜서 넣으면 신맛과 함께 좀더 독특한 쌀국수를 즐길 수 있다. 퍼 쌥을 방문할 때 식사 시간대를 피하면 덜 복잡하게 식사를 즐길 수 있다.

이용 안내

◆ **영업시간:** 06:00~16:00(1호점), 06:00~15:00(2호점) ◆ **가격:** 쌀국수 2만~3만K ◆ **주소:** Thanon Phai Nam, Vientiane(1호점), Thanon Khun Bu Lom, Vientiane(2호점) ◆ **전화번호:** 021-252-555(2호점) ◆ **위치:** 탓 담에서 도보로 2분

Tip **동남아 대표 음식, 쌀국수**

밀이 풍부했던 동북아에 비해 안남미 쌀이 풍부하게 자라면서 쌀국수는 자연스럽게 동남아에서 발달한 음식이다. 깔끔하고 깊은 맛이 나는 육수에 각종 향신료·쇠고기·닭고기·숙주나물 등을 넣어 먹는다. 쌀을 반죽해 만든 쌀국수는 밀가루 국수에 비해 칼로리가 낮고 소화가 잘 되는 장점이 있다.

동영상 **라오스식 쌀국수 '퍼 쌥'**

느낌 한마디

입구에 있는 조리대에서 국수를 데치느라 정신이 없다. 하필 식사 시간대에 방문해 빈자리가 없었지만 어렵사리 자리를 잡았다. 돼지고기 고명을 선택하고 라지 사이즈로 주문했다. 고수를 비롯한 야채가 한 접시 가득 담겨져 나온다. 고기가 올려진 쌀국수를 받아드니 그제서야 시장기가 오른다. 쌀국수에 야채를 듬뿍 넣고 핫소스도 곁들인다. 면발은 쫄깃하고 육수는 시원했다. 핫소스를 넣어 마치 짬뽕 한 그릇을 먹는 듯 뒷맛이 깔끔하다. 고수향이 지독해서 먹기가 불편하다는 소리도 들었지만 씁쓸한 맛이 입맛을 돋우었다. 라오스에서 먹는 첫 식사라서 걱정했지만 꽤나 맛난 쌀국수 덕택에 기분이 좋아진다. 뜨거운 육수로 이열치열을 느끼며 땀 한 번 제대로 빼본다.

퍼 쌥

어떻게 가야 할까?

▶ 탓 담에서 도보로 이동하는 방법

① 메콩강변 쪽을 등지고 탓 담을 정면으로 둔 상태
로 걷는다.

② 왼쪽에 샤토 듀 라오스가 보인다. 삼거리가 나올
때까지 직진한다.

③ 삼거리에서 왼쪽으로 꺾어서 이동한다.

④ 45도 오른쪽 대각선 방향에 퍼 쌥이 나온다.

쫄깃한 도가니가 듬뿍 담긴 국수,

퍼 엔

Pho Yen, 도가니 국수

'도가니 국수'를 뜻하는 퍼 엔은 다른 쌀국수 집과 달리 퍼를 주문하면 고명으로 고기가 나오지 않고 도가니가 나온다. 이 곳은 20년 가까이 유명세를 치르고 있는 현지 식당으로, 제대로 된 간판도 없지만 입구에 한글로 '도가니 국수'라고 적혀 있다.

쫄깃쫄깃한 도가니 수육을 넣고 국수를 만드는 전문점으로 한국 여행자들의 입소문을 통해 유명해졌다. 소의 무릎 뼈인 도가니를 알찬 가격에 먹을 수 있으며, 음식을 주문할 때도 '도가니?'라고 물어볼 정도라서 쉽게 즐길 수 있다. 도가니를 좋아하는 여행자라면 퍼 엔에서 이색적인 보양식 도가니 쌀국수로 라오스에서 건강을 챙겨보자.

이용 안내

◆**영업시간:** 07:30~14:00, 17:30~20:30　◆**가격:** 2만K~　◆**주소:** Thanon Hengboun, Vientiane　◆**전화번호:** 021-214-323　◆**위치:** 국립문화회관 방향

테이블에 제공되는 생수를 마실 경우 음식 값에 추가되니 염두에 두도록 하자. 여행자가 가져간 생수를 마시는 것은 문제되지 않으니 필요한 사람은 미리 챙겨가도록 하자.

느낌 한마디

주변에서 몇 번을 돌고서야 겨우 찾을 수 있었다. 타지에서 한글로 '도가니 국수'라고 적힌 간판을 보니 반갑다. 단품 메뉴인 도가니 국수를 주문해보았다. 그릇에 듬뿍 담겨진 도가니가 쫄깃하다. 쫄깃한 육질의 도가니와 쌀국수가 절묘하게 어우러진 맛이 느껴졌다. 한국에서 먹는 도가니탕 가격에 비하면 너무나 알찬 가격에 양마저 푸짐하다. 한 숟갈을 떠서 마셔보니 설렁탕 육수처럼 진한 국물이 입 안을 감싼다. 라오스에서 먹는 도가니 국수는 색다른 별미였다.

퍼 엔

어떻게 가야 할까?

1 남푸 분수를 정면으로 보고 왼쪽으로 직진해 컵 짜이 더(Khop Chai Deu), 트루 커피(True Coffee)를 지난다.

2 미속 인(mixok Inn)이 보이면 오른쪽으로 200여m 를 직진해 씨이요 그릴하우스(Xayoh Grill House)까 지 이동한다.

3 씨이요 그릴하우스에서 좌회전해 100여m를 직진 하면 오른쪽에 라오 키친(Lao kitchen)이 보인다.

4 오른쪽에 분홍색 건물이 보일 때까지 직진한다. 분홍색 건물 1층이 도가니 국수집인 퍼 엔이다.

라오스식 쌀국수와 중국식 완탕의 조화,

터키 완탕 국수

TUCKY Wonton Noodle

중국 만두 중 하나인 완탕은 밀가루 반죽의 얇은 피에 갈은 고기와 조미료를 조합해서 만든다. 터키 완탕 국수는 완탕 국수만 취급하는 전문점으로, 푹 끓인 육수에 수제로 만든 완탕이 들어간다. 완탕 국수와 함께 나오는 숙주와 고추기름, 라임, 절인 고추를 적당히 첨가하면 제대로 된 보양식 한 그릇을 먹는 것처럼 즐길 수 있다.

중국 음식과 라오스 음식의 절묘한 조화를 자랑하는 완탕 국수는 다른 쌀국수보다 가격도 저렴해 라오스인들까지 즐겨 찾는 곳이다. 다만 오후 2시에 업무가 종료되기 때문에 완탕 국수를 즐길 여행자는 시간을 잘 확인해야 한다. 음료는 시원하게 만든 남차가 무료로 나와서 따로 주문할 필요가 없다. 이 곳도 도가니 국수집인 퍼 엔처럼 따로 간판이 없지만 퍼 엔 맞은편에 위치하기 때문에 쉽게 찾을 수 있다.

이용 안내

◆**영업시간:** 07:00~14:00 ◆**가격:** 완탕 국수 소 1만K, 중 1만 3천K, 대 1만 5천K ◆**주소:** Thanon Hengboun, Vientiane

 **Tip** 라오스 음식점의 에어컨

라오스 음식점에 방문할 경우 에어컨이 설치된 곳이 거의 없다. 그래서 무더운 여름날 칼칼한 맛을 즐기기 위해 매운 고추 양념이라도 첨가한다면 땀이 비 오듯 쏟아질 것이다. 라오스 식당에 방문시 물티슈나 손수건을 준비한다면 좀더 쾌적한 여행이 될 수 있다.

동영상 라오스와 중국의 조화 '터키 완탕 국수'

📝 느낌 한마디

라오스에서도 터키 완탕 국수를 통해 중국식 만두를 즐길 수 있다. 입구에서 조리중인 완탕이 식욕을 돋운다. 가격표를 보니 다른 쌀국수 가격에 비해 저렴하다. 한국 돈으로 치면 2천 원도 되지 않는 저렴한 가격이지만 양이나 맛은 2만 원짜리 국수보다 더 좋다. 쌀국수 사이에 고명으로 올려진 완탕을 씹으니 특별한 맛이 느껴진다. 아침에는 도가니 국수, 점심에는 완탕 국수지만 지겹지 않다. 옆 테이블에 있던 라오스인들이 완탕 국수에 빨간 고추양념을 넣길래 나도 첨가해보았다. 한 입 물고 나니 이내 기침이 쏟아진다. 꽤나 매운 기운에 입술이 얼얼하다. 라오스만의 신고식을 톡톡히 치른 느낌이다.

터키 완탕 국수

어떻게 가야 할까?

① 남푸 분수를 정면으로 보고 왼쪽으로 직진하면 컵
짜이 더를 지나게 된다.

② 트루 커피를 지나면 미속 인이 나온다. 이 건물을
왼쪽으로 두고 오른쪽으로 직진한다.

③ 씨이요 그릴하우스가 보이면 건물 정면에서 좌회
전한 뒤 직진하면 왼쪽으로 노이스 후르츠 헤븐이
보인다.

④ 직진하면 터키 완탕 국수다.

베트남식으로 맛보는 돼지고기 어묵,
위앙 싸완
Vieng Sa Vanh

넴느엉(Nem nuong)은 베트남 음식의 한 종류로 구운 돼지고기 소시지 또는 미트볼이다. 돼지고기, 돼지고기 지방, 다진 마늘, 생선소스, 설탕, 후추를 섞은 후 하룻밤 동안 보관해 숙성시킨다. 돼지고기 지방은 넴느엉을 촉촉하게 유지하고 구울 때 더 오래 바삭하도록 만들기 위한 것이다.

넴느엉을 주문하면 땅콩소스·야채·무·당근·양상추·허브·쌀면·오이·고추 등이 함께 나온다. 한국식 쌈을 싸서 먹듯이 넴느엉을 올리고 쌀면·야채·무·오이·고추 등에 땅콩소스를 넣어 쌈처럼 먹으면 된다. 훌륭한 맛 덕분에 위앙 싸완은 비엔티안을 방문한 여행자들이 꼭 거쳐야 할 인기 맛집이 되었다. 이 곳 또한 기다리는 줄이 길기 때문에 점심시간대는 피하는 것이 좋다.

 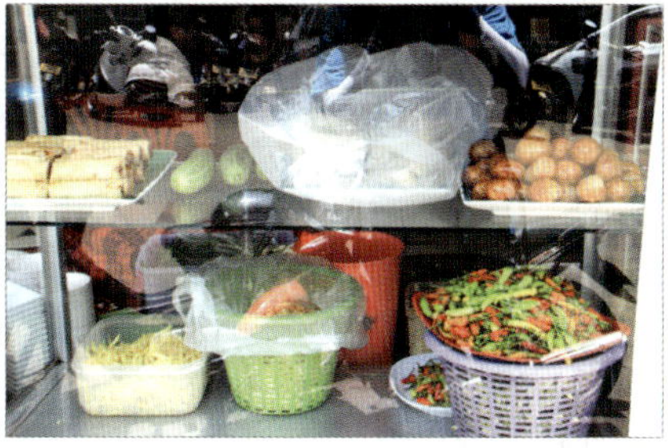

이용 안내

◆ **영업시간:** 09:00~22:00 ◆ **가격:** 넴느엉 1인분 2만K, 2인분 4만K ◆ **주소:** Thanon Hengboun, Vientiane
◆ **전화번호:** 021-213-990 ◆ **위치:** 라오 호텔과 싸콤 은행 사이

Tip 여행자 거리의 음식점

위앙 싸완이 있는 여행자 거리에는 한국 음식점도 다양하게 있다. 위앙 싸완 근처에 김밥천국, 대장금 등이 있다. 한국 음식이 그리워진 여행자들이라면 들러볼 만하다.

동영상 베트남식 돼지고기 어묵 '위앙 싸완'

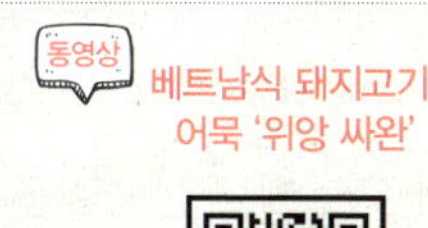

느낌 한마디

담백하고 쫄깃한 식감이 마음에 든다. 무엇보다 소시지 사이의 돼지고기 미트볼에 잡내가 전혀 없다. 채소쌈에 넴느엉·쌀면·오이를 올리고 땅콩소스를 첨가하니 맛이 일품이다. 무엇보다 땅콩소스의 단맛과 넴느엉의 기름기가 조화로울 뿐더러, 땅콩의 고소함이 입 안 가득 퍼진다. 쉴 새 없이 손이 간다. 한국식 청양고추를 조금 올리니 단맛과 매운맛의 조화가 조금 새롭게 느껴진다. 양이 적을 것 같았지만 야채·쌀면과 함께 먹으니 금방 포만감이 찾아왔고, 음식은 금방 동이 났다. 이렇게 식사 후에 기분 좋게 나올 수 있는 집이 있다. 맛도 가격도 적당할 때는 더 그렇다.

위앙 싸완
어떻게 가야 할까?

▶ **노이스 후르츠 헤븐에서 도보로 이동하는 방법**

① 노이스 후르츠 헤븐을 왼쪽에 두고 사거리까지 직진하면 오른편에 홈아이딜 마트가 나온다.

② 마트의 왼쪽이 넴느엉 전문점인 위앙 싸완이다.

Tip1 노이스 후르츠 헤븐(Noy's Fruit Heaven)

망고·파파야·구아바 등 평소에 자주 접하지 못한 열대 과일로 후식을 즐겨보자. 도가니 국수를 정면으로 보고 오른쪽 뒤 45도 방향으로 이동하면 쉽게 찾을 수 있다.

영업시간: 07:00～21:00(토·일요일 휴무)
주소: Thanon Hengbounnoy, Vientiane

Tip2 홈아이딜 마트

비엔티안에서 가장 많은 물건을 갖춘 마트다. 라오스에서 꼭 사야 할 쇼핑 품목인 과일칩, 라오스 커피, 헤어팩, 카스테라 등 다양한 품목들을 갖추고 있다. 한국에서 수입한 한국 과자도 여기서 만나볼 수 있다. 라오스 여행중에 지인들을 위한 선물을 준비하지 못한 여행자들은 꼭 들러보자. 위앙 싸완을 가기 전 오른쪽에 위치한다.

라오스 여행자들의 성지 레스토랑,

컵 짜이 더

Khop Chai Deu

1998년 오픈된 컵 짜이 더는 라오스 전역에서 호텔업과 외식업에 종사하는 인티라에서 운영하는 레스토랑이다. 라오스 음식을 비롯한 다양한 퓨전 음식을 즐길 수 있고, 실내와 야외 좌석을 모두 갖춘 곳이다. 라이브 음악과 조명이 어우러진 저녁시간에는 야외에서 빈 좌석을 찾을 수가 없다. 컵 짜이 더는 출장연회 서비스, 라오스 요리를 만드는 쿠킹 클래스, 라오 모델 선발대회의 스폰을 제공하며 많은 사람들에게 더욱더 사랑받고 있다.

　여행자들이 자주 찾는 음식으로는 중독성이 강한 특제 소스를 뿌린 새우요리, 뿌려진 양념소스와 절묘한 조화를 이루는 생선요리, 어느 집과도 비교할 수 없는 최고의 맛을 자랑하는 스프링롤, 부드럽게 씹히는 맛이 기가 막힌 돼지갈비 숯불구이 등

이 있다. 또한 신선한 열대 과일 중 하나인 파파야로 만든 땀막홍(Ddammakhong, 파파야 샐러드)도 돼지껍질 튀김과 함께 즐기면 절묘한 맛을 자랑한다. 저녁시간에 컵 짜이 더를 방문했다면 라오스 맥주인 비어라오와 함께 식사를 즐겨보자. 땀막홍은 안주로도 일품이다. 라오스 물가에 비해 조금 높은 가격대를 형성하고 있지만 여행자들의 성지와도 같은 곳이니 한 번쯤은 들러볼 만하다.

이용 안내

◆ **영업시간:** 08:00~24:00 ◆ **가격:** 스프링롤 4만K, 스테이크 6만 5천K ◆ **주소:** Thanon Setthathilath, Vientiane
◆ **전화번호:** 021-263-829 ◆ **홈페이지:** www.inthira.com

느낌 한마디

어둠이 내려앉은 여행자 거리는 감미로운 음악으로 오가는 사람들의 발걸음을 가볍게 만든다. 컵 짜이 더는 조마 베이커리, 남색 조명의 남푸 분수와 함께 여행자 거리의 가장 중심에 위치하다 보니 자연스럽게 눈에 띈다. 은은한 조명이 고급스럽다. 메뉴판에 있는 맛깔스러운 음식 중에 스프링롤과 비어라오를 주문했다. 스프링롤이 바삭해서 눈이 번쩍 뜨이고, 얼음과 함께 즐기는 비어라오로 코끝까지 시원해졌다. 음악이 있고 안주가 있고 비어라오가 있으니 라오스 여행이 더 감미롭게 느껴진다. 일정을 소화하느라 뜨겁게 달구어진 비엔티안의 뜨거운 기온을 컵 짜이 더에서 날려보자.

컵 짜이 더

어떻게 가야 할까?

1. 남푸 분수를 정면으로 보고 왼쪽으로 직진하면 컵
   짜이 더가 나타난다.

2. 맞은편에는 여행자 거리의 또 다른 이정표인 조마
   베이커리가 있다.

쫀득한 식감이 살아 있는 라오스식 딤섬,

딤섬집

Dim Sum Restaurant

딤섬은 중국 남부의 광둥 지방에서 3천 년 전부터 만들어 먹던 음식으로, 딤섬(點心)은 '마음에 점을 찍는다.'라는 식의 간단한 음식을 뜻한다. 딤섬은 대나무통에 담아 만두처럼 찌거나 기름에 튀기는 요리법이 일반적이며, 속재료로는 새우·게살·소고기·닭고기·감자·버섯·당근·단팥·밤 등을 사용한다.

비엔티안의 딤섬집은 중국식 딤섬의 변형으로 대나무통에 족발·새우·맛살 등을 쪄서 내온다. 쫀득한 식감이 그대로 살아 있어 라오스인들과 여행자들 사이에서 인기를 누리고 있는 맛집이다. 늦은 저녁시간까지 자리가 없을 정도로 항상 만원인데, 딤섬 이외에도 쌀국수, 카오삐약, 치킨 덮밥을 비롯한 다양한 메뉴를 준비하고 있다.

이용 안내

◆**영업시간:** 17:00~24:00 ◆**가격:** 딤섬 5천K~ ◆**주소:** Thanon Sethathirat, Vientiane ◆**전화:** 020-9933-9655 ◆**위치:** 왓 미싸이의 대각선으로 맞은편

각 나라마다 딤섬이 의미하는 것이 조금씩 다르다. 한국에서는 딤섬이 중국 요리의 일종인 만두를 가리키지만 중국에서는 소량의 음식으로 먹을 수 있는 것을 모두 딤섬이라고 부른다. 딤섬은 중국 코스 요리의 중간에 먹는 음식으로 기름진 편이라서 차를 함께 마시면서 먹는 것이 좋다.

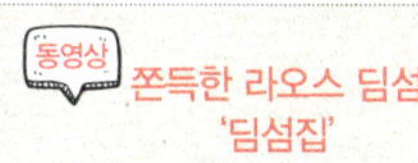

느낌 한마디

여행의 첫 날인 라오스에 도착한 시간이 밤 11시였다. 공항에서 숙소로 이동중 스쳐지나간 딤섬집에는 늦은 시간이었는데도 손님들로 가득했다. 다음 날 찾아간 딤섬집은 입구부터 사람들로 문전성시를 이루고 있었다. 조리대 위에는 딤섬 대나무통이 가득 쌓여 있었다. 족발·메추리알·새우·맛살을 주문해본다. 갈은 돼지고기가 바닥에 깔려 있고 그 위에 족발·메추리알·새우·맛살이 있었다. 딤섬을 고추소스에 찍은 뒤 한 입 베니 착 감기는 맛이었다. 족발은 쫄깃했고 새우와 맛살은 통통 튀는 맛이었다. 라오스식 딤섬은 맛이 일품이었다. 맛난 식사 후 사진 촬영을 위해 핸드폰을 가져다 대니 직원이 넉살좋게 웃음을 건네준다. 맛도 좋고 웃음도 가득해 기분 좋은 딤섬집이었다. 가격마저 알차고 저렴해서 배낭 여행자들의 배를 든든하게 채워주고 있었다.

딤섬집

어떻게 가야 할까?

1 남푸 분수를 정면으로 보고 왼쪽으로 직진해 트루 커피와 왼쪽의 왓 미싸이(Wat Mixay)를 지난다.

2 왓 미싸이의 이정표를 지날 때까지 직진한다.

3 커피 간판이 있는 편의점을 지난다.

4 편의점 바로 옆에 펩시 간판이 있는 곳이 딤섬집 이다.

라오스 불교가 내뿜는 영혼의 숨소리,

씨엥 쿠완

Xieng Khuan, 부다 파크

씨엥 쿠완은 비엔티안에서 남동쪽으로 25km 떨어진 곳에 위치한 공원으로 200개 이상의 부처 동상이 조성된 곳이다. 불교와 힌두교를 공부했던 수도승 분루아 쑤리앗(Bunleua Sulilat)이 1958년에 조성한 공원이다. 그래서 불교와 힌두교를 형상화한 여러 가지 시멘트 조각들이 전시되어 있다. 공원 내에는 불교와 힌두교를 조화롭게 조성한 것 같지만 힌두교 신의 동물이나 악마 등의 묘사가 더 강하다.

입구에는 지옥·현실·천국을 나타내는 3계층의 호박탑이 있고, 열반을 향한 거대한 와불상, 힌두교 신화에 나오는 삼주신 중 창조의 신 '브라흐마', 체제를 유지하는 신 '비슈누', 파괴와 변형의 신 '시바'의 조각상이 있다. 이뿐만 아니라 신들의 우두머리로서 머리가 3개인 코끼리를 탄 힌두교 신의 왕 '인드라'를 비롯한 거대한 크기의 재미있는 조각들로 가득하다.

비로처럼 공원 곳곳에 자리한 불상들이 언뜻 괴기스러울 수 있지만 불교 국가인 라오스에서 꼭 보아야 할 곳으로 뽑힌다.

이용 안내

◆**운영시간**: 05:50~17:30 ◆**입장료**: 5천K(카메라 3천K) ◆**주소**: Thanon Tha Deua, Vientiane ◆**전화번호**: 021-212-248

 **Tip** 비엔티안의 가장 주목받는 공원이자 관광지인 씨엥 쿠완을 방문해 진정한 라오스 불교를 감상해보자. 여행사를 통해 가면 더욱 편리하게 씨엥 쿠완을 즐길 수 있다. 오전과 오후 중 원하는 일정에 맞추어서 가면 된다. 숙소에서부터 편하게 미니밴을 타고 이동할 수 있다. 비용은 1인 7만K 정도이며, 이때 입장료는 별도다.

동영상 영혼의 숨소리 '씨엥 쿠완'

느낌 한마디

14번 시내버스가 막 출발했다. 손짓하며 뛰어가니 문을 열어주었다. "꼽자이"라고 인사를 건넨 뒤 빈 자석에 자리를 잡았다. 외국 여행을 할 때 시내버스를 타면 그 나라 사람들이 살아가는 모습을 가장 가까이서 볼 수 있어 참 좋다. 할아버지, 아이를 안은 아주머니, 찹쌀밥으로 시장기를 달래는 사람들의 모습이 버스 안에서 생생한 라오스의 삶을 볼 수 있게 했다. 1시간을 넘게 이동하니 드디어 씨엥 쿠완 정문에 정차했다. 공원 내에는 관광객들뿐만 아니라 라오스 승려들도 많아 약간 북적거렸다.

먼저 호박탑 내부로 들어가 전망대에 오르니 씨엥 쿠완의 모습이 한눈에 들어온다. 푸른 잔디밭을 차지한 공원의 불상들이 조밀하게 자리를 틀고 있었다. 좌측으로 와불상, 우측으로 브라흐마가 있었다. 천천히 조각된 신들의 면면을 훑어보았다. 오랜 세월이 지났지만 특징적인 모습이 그대로 남아 있었다. 라오스 승려들에게 부탁을 해서 가장 불교적인 장소에서 기념 촬영을 했다. 감사한 마음에 한국에서 가져온 사탕을 드리니 기분 좋은 미소를 지어주었다.

씨엥 쿠완

어떻게 가야 할까?

1 대통령궁에서 도보 10분 거리에 있는 탈랏 싸오 터미널에서 14번 시내버스를 타고 1시간 정도 이동한다.

2 태국의 국경인 우정의 다리를 지나 씨엥 쿠완 정문에서 하차한다.

3 입장표를 구입한 후 정문을 통해 입장한다.

Tip 시내버스로 비엔티안 시내와 씨엥 쿠완을 오고 갈 때면 중간 부분인 우정의 다리(Friendship Bridge)에서 10분 정도 정차한다. 그러므로 씨엥 쿠완을 구경하고 돌아올 때 잠시 내려 태국과 라오스 간의 '우정의 다리'를 구경해보자. 우정의 다리는 1994년 4월에 개통되었으며, 메콩강에 세워진 최초의 다리다. 이 다리의 완공으로 태국과 라오스 간의 교류가 더욱 늘었다고 한다.

씨엥 쿠완

어떻게 즐겨볼까?

호박탑(The Giant Pumpkin)

씨엥 쿠완의 랜드마크인 호박탑은 벌려진 입을 통해 내부로 들어가면 정상으로 이어진다. 정상에서는 씨엥 쿠완의 전체 모습뿐만 아니라 메콩강변도 볼 수 있다. 꼭대기에 있는 생명의 나무는 동물·인간·신의 삶을 형상화해서 3개의 가지로 뻗어 있다.

브라흐마(Brahma)상

43억 년 이상 이어져온 우주의 창조를 관장하는 신이다. 4개의 머리·팔·손을 가지고 있다. 4개의 머리는 4개의 베다와 카스트를 상징한다.

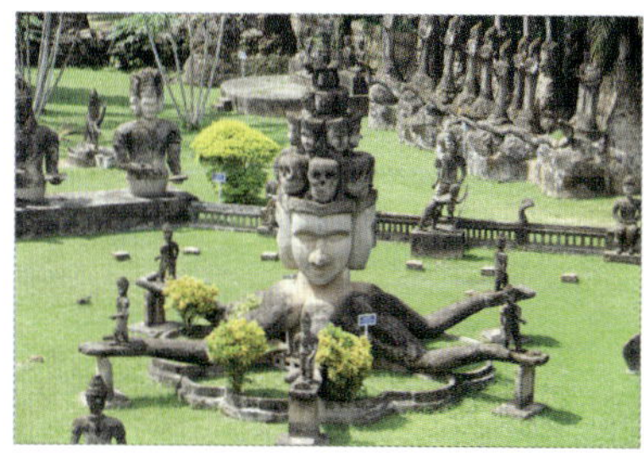

부처(Buddha)상

부처는 깨달음을 얻기까지 무수히 많은 과거의 생을 거쳤다고 한다. 왕·상인·수행자·도둑 등 인간뿐 아니라, 코끼리·원숭이·앵무새·사슴 등의 동물이나 곤충의 모습으로도 태어났다고 한다.

와불상

열반에 들어 죽음을 기다리는 부처상을 형상화했으며, 45m의 길이와 19m의 높이를 자랑한다. 씨엥 쿠완의 랜드마크 중 하나다.

라마(Rama)상

비슈누의 일곱 번째 화신으로 무용과 미덕의 신이다. 고난으로 점철된 시절을 보내다 마왕 라바나(Ravana)와 전쟁을 벌이면서 결국 승리한다. 인도에서 가장 널리 신봉받는 신이기도 하다.

시바

10개의 팔과 4개의 얼굴, 3개의 눈을 가진 힌두교 최고신으로 파괴·변형의 신이다. 처음에는 행복을 나타내는 신이었지만 창조와 파괴의 신으로 변형되었다. 주로 도끼와 검·삼지창 등을 든 모습으로 표현한다. 시바의 목이 검은 이유는 용의 독을 마셨기 때문이라고 한다.

두르가(Durga)상

시바의 아내인 파르바티가 여전사로 변신해서 거대한 황소 악마인 '마히샤(Mahisha)'를 제압하는 모습이다. 두르가는 전쟁터에 나가 적을 물리치는 여신인데, 손에는 10가지 무기(원반·투창·포승줄·활·화살·철봉 등)를 들고 있다. 모든 남신들이 힘을 모아 만든 신이바로 두르가다.

하누만(Hanuman)상

원숭이를 인간으로 형상화한 신이다. 라마의 제자이자 헌신적인 숭배자였다. 숲에 거주했던 원숭이 종족의 우두머리로서 라마가 악마들과 싸울 때 헌신적인 조력자의 역할을 했다.

파라슈라마(Parashurama)상

비슈누의 여섯 번째 화신으로 도끼를 가진 '라마'를 뜻해 날카로운 도끼를 든 인간의 모습으로 형상화된다. 도끼를 휘둘러 교만한 왕족을 쓰러뜨리고 승리를 안겨주었다고 한다.

비슈누상

창조한 우주에 위기나 혼란이 생길 때마다 질서를 지키고 유지하는 신이다. 2·4·8개의 팔을 가진 모습으로 형상화되며, 각 팔에는 물건을 들고 있다. 주로 쾌활하고 자애로운 신으로 묘사한다.

인드라상

신들의 우두머리로 천계에서 군림하는 신이다. 벼락을 무기로 삼고 코끼리를 타고 다닌다.

제바달다(Devadatta)상

부처님을 여러 번 해치려고 했던 제바달다를 상징하는 악어 모습이다. 제바달다는 붓다의 사촌동생으로, 붓다에게 승단을 물려달라고 청했으나 거절당해 승단을 이탈했다.

나가상

석가모니가 폭우 속에서 수행할 때 머리가 7개 달린 이 뱀신이 날개를 펼쳐 석가모니를 보호했다는 전설이 있다.

라후(Rahu)상

아수라의 수장격인 라후상이다. 과거에 불길한 징조로 여겼던 일식과 월식은 라후가 태양을 삼키다 너무 뜨거워 뱉고, 달을 삼키다 너무 차가워 뱉으면서 생긴다고 생각했다. 높이 40m의 불상은 씨엥 쿠완의 상징이다.

무루간(Murugan)상

전쟁과 승리의 신으로 코끼리 얼굴에 삼지창을 들고 있으며 공작을 타고 다닌다. 힌두인들 사이에서 대중적인 신이다.

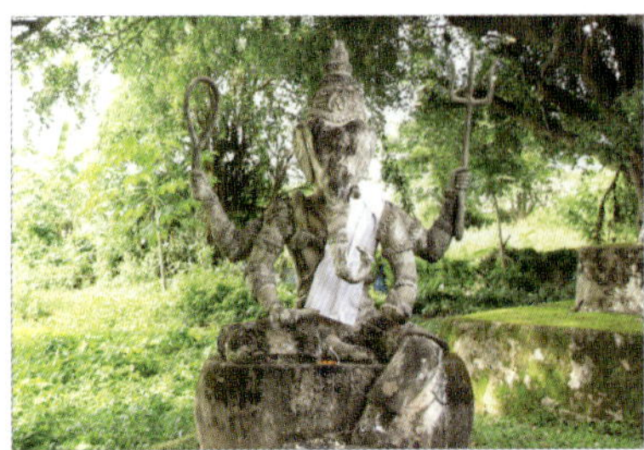

간이매점

기념품뿐만 아니라 파파야 샐러드, 음료, 라오스 맥주, 볶음밥 등의 먹을거리까지 판매한다. 또한 화장실도 이용할 수 있다.

비슈누의 또 다른 화신 찾아보기

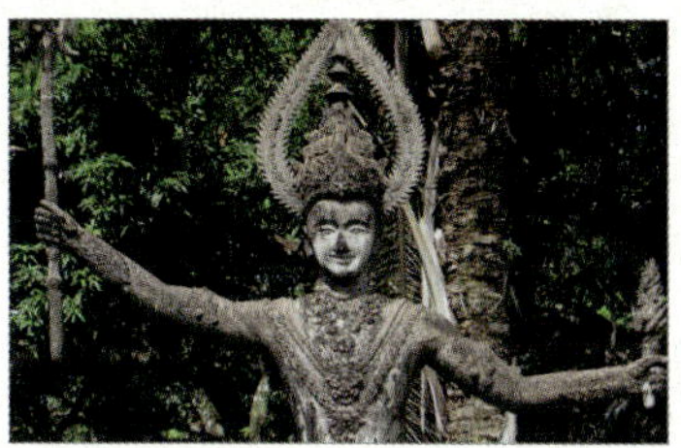

첫 번째 화신, 마츠야(Matsya)
대홍수를 알려준 큰 물고기 신

두 번째 화신, 쿠르마(Kurma)
바닷속에서 불로불사의 명약인 '아무리타'를
구해 모든 신들이 살 수 있게 만든 거북이 신

세 번째 화신, 바라하(Varaha)
인간이 살 수 있는 대지를 돌려준 멧돼지의
화신

네 번째 화신, 나라싱하(Narasimha)
악마를 죽인 신으로 사자와 인간의 모습
이 반반인 화신

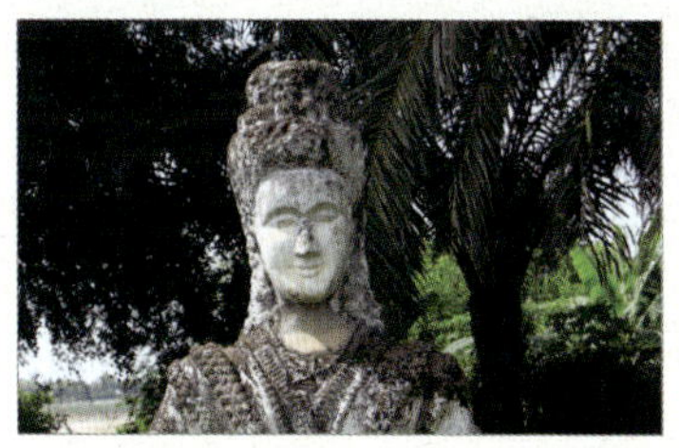

다섯 번째 화신, 바마나(Vamana)
사악한 바리왕을 벌한 난쟁이 신

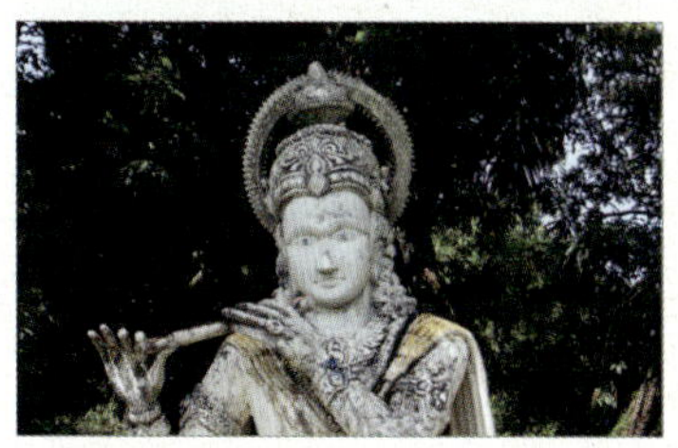

여덟 번째 화신, 크리슈나(Krsna)
사악한 카사마를 죽인 검은 신

아홉 번째 화신, 부처(Buddha)
살생과 금욕을 금지한 불교의 창시자인 신

열 번째 화신, 칼키(Kalki)
악을 멸하고 정의를 부활시킨 비슈누의 마지
막 화신

마르지 않는 위대한 생명의 젖줄,

메콩강

Mekong River

중국에서 란창강이라고 부르는 메콩강은 중국 칭하이성에서 발원해 티베트 고원을 거쳐 라오스, 미얀마, 태국, 캄보디아, 베트남 남쪽까지 4천km가 넘게 흘러 바다로 빠져나가는 동남아시아 최대의 강이다. 메콩강을 접하는 나라들은 강이 실어나르는 흙과 자양분으로 곡식과 채소를 기른다. 라오스 사람들은 메콩강을 '남 콩(Nam Khong)'이라고 부르는데, 메콩강은 비엔티안부터 라오스 남부까지 태국과 국경선을 이루며 흘러간다. 즉 메콩강 건너편이 태국이다.

메콩강은 정비 사업을 통해 공원·쉼터·산책로 등을 조성했으며, 강변을 따라 레스토랑·호텔 등의 숙박 시설이 지어졌다. 그래서 메콩강의 하루는 에어로빅과 운동을 즐기는 사람들로 시작해 불야성을 이루는 야시장으로 마무리된다. 메콩강은 라오스인들이 쉴 수 있는 마음의 안식처이자 생활 전선이라고 볼 수 있다.

메콩강변 너머의 태국

라오스의 메콩강변에 앉아 강 너머 자리한 태국도 동시에 즐겨보자. 메콩강은 여행자 거리에 자리한 숙소에서 투숙하는 여행자라면 쉽게 찾아갈 수 있다. BCEL 은행 근처부터 오른쪽으로 2km 넘게 이어진 거리가 메콩강변이며 야시장이다. 오후 5시부터 메콩강변 도로는 차량이 통제되니 참고하자.

라오스인의 젖줄 '메콩강'

느낌 한마디

서울에 한강시민공원이 있다면 비엔티안에는 메콩강 근처의 짜오 아누웡 공원이 있다. 메콩강변의 공원은 한강시민공원처럼 산책·조깅뿐만 아니라 데이트를 즐기는 사람들로 가득하다. 깨끗하게 정비한 메콩강 둔치는 차량을 통제하는 저녁이면 라오스인들의 휴식 공간으로 탈바꿈한다. 해가 뉘엿뉘엿 넘어갈 즈음에 천막이 하나둘씩 자리한다. 불야성을 이루는 야시장을 준비하는 것이다. 어둠이 찾아왔지만 낮보다 더 화려해졌다. 여기에 사람들의 열기가 더해져 더 뜨거워진다. 산책하며 물건 사고, 산책하며 간식 먹고, 그러다 지치면 잔디밭에 앉아 담소를 나눈다. 비엔티안의 밤은 낮보다 더 뜨겁게 불을 밝히고 있었다. 오늘만큼은 나도 라오스인이 된 것처럼 야시장을 걷다가 물건을 사고 간식을 먹으며 야시장에서 화려한 밤을 맞이해본다.

메콩강
어떻게 가야 할까?

① 남푸 분수 정면을 등지고 직진한다.

② 왼쪽에 캐니디아 은행, 오른쪽에 BCEL 은행을 두고 지나간다.

③ 직진하면 메콩강변이 나타난다.

메콩강
어떻게 즐겨볼까?

강변 노점

멋진 인테리어로 장식한 레스토랑보다 라오스 냄새가 더 물씬 풍기는 길거리표 노점이다. 제대로 된 라오스의 맛깔스러움을 느낄 수 있다.

클럽

젊은이들의 화려한 모습은 세계적으로 통하는 공통점이다. 메콩강을 따라 마련된 클럽에서는 시끌벅적한 음악이 라오스의 밤을 밝혀준다.

짜오 아누웡 공원

아누웡 왕의 이름을 딴 공원이다. 무더위에 지친 일상을 공원 내의 그늘에서 잠시나마 씻을 수 있다.

메콩강 정비사업 기념비

2007년 한국의 대외경제협력기금을 받아 공원과 산책로를 만들었다. 조성된 강변에는 야시장이 활성화되어 또 하나의 관광자원이 되었다. 강변은 지금도 개발이 진행되고 있다. 기념비는 당시 한국에게서 받은 차관을 기념해서 만들었다.

저녁이 되면 강변에는 먹을거리·폰케이스·옷·신발·모자·액세서리·향수·지갑·짝퉁·유화·수제품까지 다양한 물건들
이 펼쳐진다.

둘째 날

동남아의 꽃이자 여행자의 천국,

방비엥

둘째 날, 저자의
느낌 한마디 

L A O S 

비엔티안에서 차를 타고 4시간 정도 걸리는 북쪽 쏭강변에는 한 폭의 동양화를 연상하게 하는 소담스러운 마을 방비엥이 있다. 방비엥은 라오스 여행자들의 정류장이자 만남의 장소라고 할 수 있다. 둘째 날 일정으로 방비엥의 아름다운 천연 풀장 블루 라군과 여행자들이 먹고 마시며 즐기는 유러피안 거리를 소개한다. 소박하지만 정감이 가는 방비엥을 마음껏 즐겨보자.

일정 한눈에 보기

블루 라군 ▶ 유러피안 거리

탐 푸캄

블루 라군

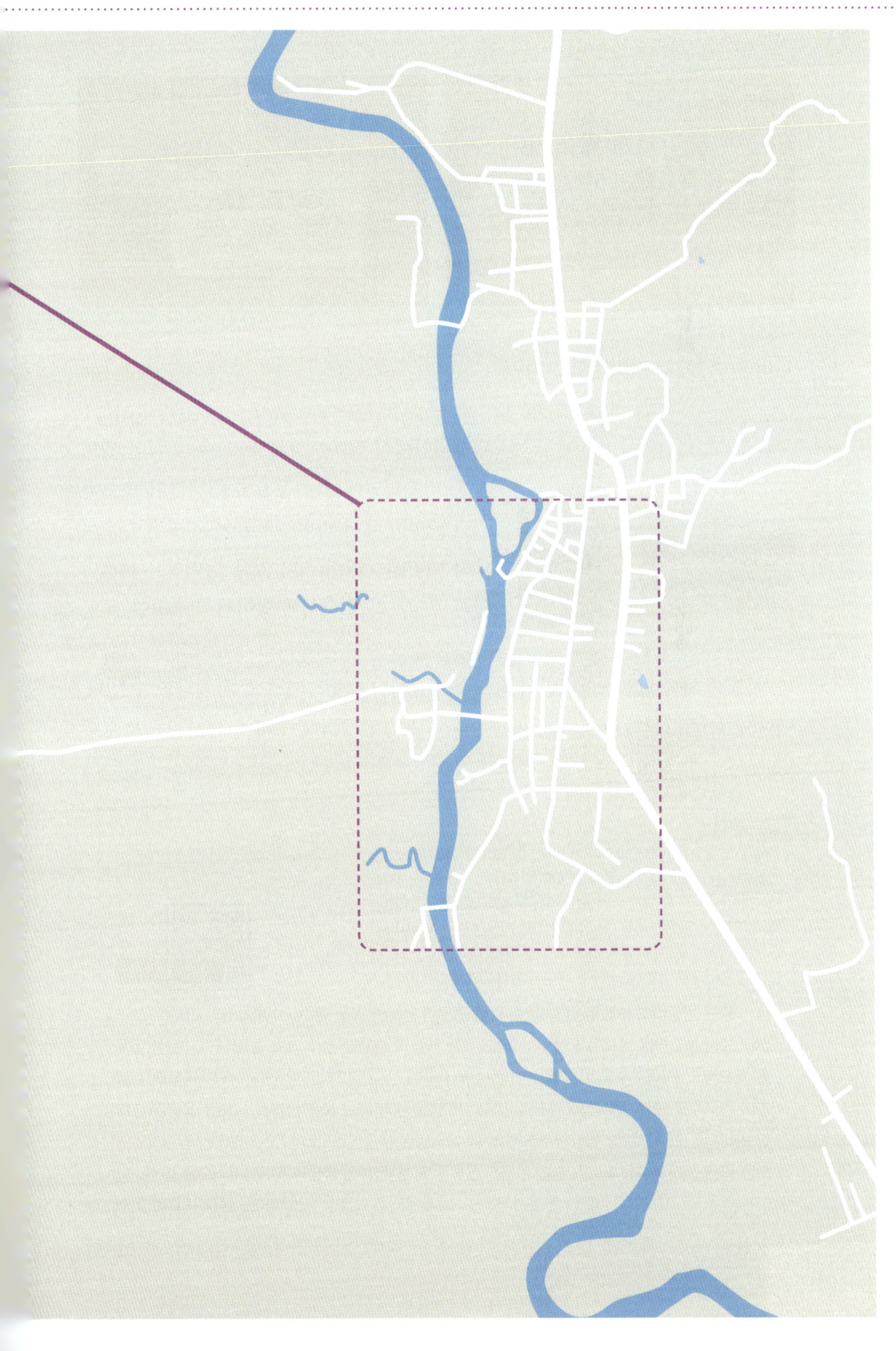

방비엥을 알차게 즐기려면
꼭 알아야 할 것들

1. 비엔티안에서 방비엥으로 가기

비엔티안에서 북쪽으로 150km에 위치한 방비엥은 비엔티안에서 이동시 4~5시간이 소요된다. 비엔티안에서 방비엥으로 가는 방법으로 여행사 미니밴, 시외버스가 있다. 방비엥은 비엔티안과 루앙프라방 사이에 있어서 비엔티안, 루앙프라방을 오가는 시외버스가 방비엥을 통과한다. 여행사 미니밴은 비엔티안의 숙소 리셉션이나 여행사에서 쉽게 예약할 수 있다. 예약시 호텔로 픽업 서비스를 제공한다. 보통 1일 2회 운영하며 오전 9시와 오후 1시에 출발한다. 요금은 6만K 정도다.

> **Tip** 방비엥은 1353년에 마을이 형성되었으며, 베트남 전쟁 당시 미군에 의한 공군 기지 및 활주로 공사로 도시의 인프라가 형성되었다. 최근에는 기괴한 석회암 절벽, 한 폭의 동양화를 자아내는 파등산, 쏭강의 아름다움에 매료된 여행자들이 몰려들고 있다. 이러한 조건 하에서 쏭강, 카약킹, 튜빙, 트레킹, 암벽 등반, 동굴 탐험 등의 인기 상품이 형성되었다.

동영상 배낭여행자들의 천국 '방비엥'

2. 방비엥 시내교통

방비엥은 마을이 작기 때문에 도보로도 이동할 수 있다. 대부분의 숙소도 방비엥 중심에 몰려 있기 때문에 찾기 쉽다. 다만 블루 라군, 카약킹, 튜빙, 짚라인, 탐 짱, 탐 남 등을 관광하기 위해서는 여행사를 통한 패키지 상품을 이용하거나 툭툭·오토바이·자전거 등을 이용해 따로 이동한다.

비엔티안과 마찬가지로 도보보다 자전거로 더 유익하게 여행을 즐길 수 있다. 자전거 대여점이나 게스트하우스에서 하루 2만K 정도에 대여할 수 있다. 다만 터미널, 블루 라군, 동굴 등 근교 지역으로 이동시 가장 흔하게 툭툭이나 썽태우를 이용한다. 오토바이는 자전거보다 기동성이 좋다는 장점이 있지만 라오스의 도로 사정이 좋지 않아서 사고 발생률이 높다. 우기 기간에 비포장도로를 달리다 보면 오토바이 바퀴가 빠지는 경우도 있다. 반대로 건기 기간에는 모래에 미끄러져 넘어지는 사고가 발생하기도 한다.

3. 방비엥 시외버스 터미널

방비엥에는 버스 터미널이 2곳 있다. 방비엥에서 북쪽으로 3km 떨어져 있는 북부 터미널과 비행장 근처의 남부 터미널이다. 방비엥 마을을 지나는 버스는 남부 터미널에 정차한다. 북부 터미널에서는 툭툭을 이용해 방비엥 시내로 들어오며, 이때 요금은 3만K 정도이고 10분 정도 소요된다. 남부 터미널에서는 도보로 시내까지 이동할 수 있다.

북부 터미널

목적지	버스	요금	운행시간	소요시간
팍세	슬리핑	18만K	13:30	16시간
비엔티안	로컬	4만K	05:30, 06:00, 07:00, 12:30, 14:00	5시간
	VIP	4만 5천K	10:00, 13:30	5시간
	미니밴	3만 5천K	09:00, 14:30	4시간
루앙프라방	VIP	9만 5천K	10:00	7시간
	슬리핑	12만K	21:00	7시간
	미니밴	10만K	09:00, 14:30	6시간

4. 방비엥 마사지

썽다오3 마사지(Sengdao3 Massage)

현지 사정에 밝지 않은 상태라면 마사지를 받고도 찜찜할 수 있다. 썽다오3 마사지는 방비엥에서 정평이 나 있는 곳 중 하나이므로 결코 후회가 없을 것이다.

◆ **비용:** 라오 마사지 6만K ◆ **위치:** 피핑솜을 왼쪽으로 두고 100여m 직진

POK 마사지(POK Massage)

방비엥의 여행자 거리에는 한 집 너머 마사지 숍이 있다. 많은 숍 중 가장 인기 있는 곳이다. 친절한 직원과 정성 어린 마사지로 언제나 북적거린다.

◆ **비용:** 라오 전통 마사지 6만K ◆ **위치:** 루앙나콘 방비엥 팰리스 맞은편

5. 방비엥 숙소

고급 호텔($80 이상)

▶리버사이드 부티크 리조트(Riverside Boutique Resort)

쏭강과 파등산이 전망으로 보이는 리조트다. 최신식 시설과 친절한 직원이 이 리조트의 자랑이다.

◆ **홈페이지:** www.facebook.com/riversidevangvieng

▶빌라 남송(Villa Namsong)

규모는 작지만 깨끗한 빌라형 호텔이다. 쏭강변에 위치하고 있으며, 방비엥의 최고급 호텔 중 하나다.

◆ **홈페이지:** www.villanamsong.com

▶**빌라 방비엥 리버사이드**(Villa Vangvieng Riverside)

파등산이 보이는 멋진 뷰를 소유한 호텔이다. 방갈로 형
태의 현대식 시설을 갖추었다.

◆**홈페이지:** www.villavangvieng.com

중급 호텔($40 이상)

▶**루앙나콘 방비엥 팰리스**(Roung Nakhon Vangvieng Palace)

2013년 2월 오픈한 3성급 호텔로 객실이 밝고 통풍이
잘 되는 곳이다. 무엇보다 쏭강까지 도보 5분 거리인 유
러피안 거리 초입에 위치하고 있어 방비엥을 둘러보기
에 편리하다.

◆**홈페이지:** roungnakhon-hotel-laos.com

▶**타본숙 리조트**(Thavonsouk Resort)

한국 관광객이 많이 찾는 호텔로 넓은 정원 외에도 파등
산을 바라볼 수 있는 전경이 아름답다. 카약 투어시 도
착 지점에 자리하고 있다.

◆**홈페이지:** www.thavonsouk.com

▶**더 엘리펀트 크로싱 호텔**(The Elephant crossing Hotel)

4층 구조의 현대식 호텔로 쏭강의 강둑에 위치하는 3성
급 호텔이다. 뷰가 좋고 방도 깔끔하다.

◆**홈페이지:** www.theelephantcrossinghotel.com

▶비엥 타라 빌라(Vieng Tara Villa)

라오스 스타일의 숙소로 독채 형태로 이루어져 있다. 고전적 분위기의 전망과 직원들의 서비스 또한 최상이다.

◆ **홈페이지:** www.viengtara.com

▶반사나 방비엥 호텔(Vansana Vang Vieng Hotel)

시내 중심가에서 조금 떨어져 있다는 단점이 있지만 파등산을 볼 수 있는 뷰를 가지고 있다.

◆ **홈페이지:** www.vansanahotelgroup.com

알찬 가격의 숙소($10~40)

▶인티라 호텔(Inthira Hotel)

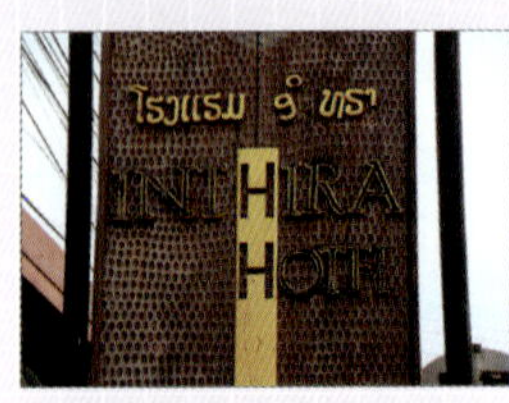

가격 대비 깨끗한 시설이 자랑이다. 버스 터미널에서 도보 5분 거리에 위치하며 방비엥의 주요 레스토랑, 사쿠라 바가 근거리에 위치한다.

◆ **홈페이지:** www.inthira.com

▶말라니 빌라(Malany Villa)

한국 여행자들이 가장 많이 찾는 게스트하우스로 방비엥 중심가에 위치해 있다. 근처에는 원더풀 투어 여행사가 있다.

◆ **연락처:** 023-511-083

▶ 메이레이 게스트하우스(Malay Guesthouse)

12개의 룸을 가진 작은 게스트하우스지만 접근성이나 전망이 좋아 여행자들이 많이 찾는다. 쏭강변에서 2분 거리이며 근처에 사쿠라 바가 있다.

◆ 이메일: maylay-gh@yahoo.com

▶ 도몬 게스트하우스(Domon Guesthouse)

배낭여행자들이 선호하는 숙소 중 하나이며 전망이 좋고 룸마다 발코니가 있는 가성비 최고의 숙소다. 유러피안 거리의 초입에 있다.

◆ 이메일: domon@live.com

▶ 독꾼 게스트하우스(Dokkhoun Guesthouse)

배낭여행자들에게 인기 있는 숙소 중 하나다. 지점이 2곳이 있는데, 그 중 루앙프라방 베이커리 맞은편에 있는 독꾼 게스트하우스가 찾기 쉽다.

◆ 연락처: 023-511-032

숲속에서 즐기는 에메랄드빛 천연 풀장,

블루 라군

Blue Lagoon

방비엥 시내에서 7km 정도 떨어진 동굴 탐 푸캄(Tham Phu Kham)은 반 나통(Ban Nathong) 마을에 위치한다. 탐 푸캄 입구에는 우리에게 잘 알려진 블루 라군이 있다. 조그마한 유원지 형태라서 규모는 작은 천연 풀장이다. 그래서 자연과 어우러진 순수함이 있다. 석회암 동굴에서 흘러내린 맑은 물이 웅덩이를 형성했으며, 맑고 깨끗한 옥색 빛이 특징이다. 웅덩이 위로 드리워진 큰 나무 가지 위에서는 블루 라군의 명물인 다이빙을 즐길 수 있다. 다만 발이 닿지 않을 정도로 웅덩이가 깊기 때문에 수영이 미숙한 사람은 구명조끼를 착용하는 것이 좋다.

주변에는 휴식을 위한 방갈로가 마련되어 있고 간단한 간식을 즐길 수 있는 간이 음식점도 있다. 또한 블루 라군 뒤편의 동굴인 탐 푸캄에는 와불상이 모셔져 있다.

올라가는 길이 조금 험난하지만 병풍처럼 둘러쳐진 아름다운 산이 고운 자태를 자아낸다. 여행사 패키지로 블루 라군을 찾을 경우 짚라인도 함께 즐길 수 있다. 블루 라군을 찾아 동심의 세계로 잠시 돌아가보자. 블루 라군은 잊지 못할 추억을 선사할 것이다.

이용 안내

◆ **운영시간:** 08:00~16:00 ◆ **입장료:** 다리 통행료 5천K, 블루 라군 입장료 1만K, 구명조끼 2시간 대여 1만K, 블루 라군 입구 스쿠터 보관료 3천K ◆ **주소:** Thanon Tham Phukham, Ban Nathong, Vang Vieng

---

Tip 간식거리

블루 라군으로 이동하기 전 방비엥 중심가에서 망고 등 열대 과일이나 간단한 먹을거리를 준비한다면 블루 라군을 더 풍성하게 즐길 수 있다.

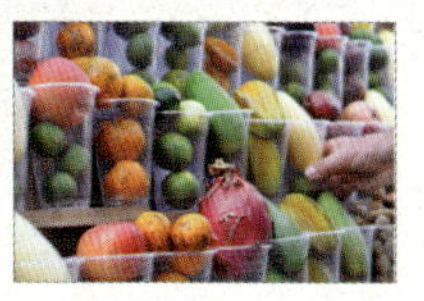

동영상 에메랄드빛 풀장 '블루 라군'

느낌 한마디

이보다 더 한가로울 수 있을까? 블루 라군으로 향하는 자전거 여행이 또 다른 즐거움을 안겨준다. 그러다 갑작스럽게 비가 내리친다. 스콜이다. 길을 건너던 소들마저 나무 아래 몸을 의지하는데 그 모습이 매우 정겨웠다.

자연에 취하기가 무섭게 블루 라군에 도착했다. 사람들이 다이빙하며 질러대는 소리가 메아리가 되어 돌아온다. 방갈로에 소지품을 놓기가 무섭게 옥빛 웅덩이로 뛰어들었다. 한국의 계곡물처럼 차가운 물에 더위가 달아났다. 다이빙 무리에 끼여서 응원자들의 격려에 힘입어 물속으로 입수했다. 블루 라군은 그렇게 모든 방문자에게 웃음과 행복을 안겨주었다.

물속에서 어느 정도 시간을 보낸 뒤에는 뒷산으로 이동했다. 가파른 계단을 오르니 서늘한 냉기를 머금은 동굴이 있었다. 동굴 중앙에는 와불상이 마련되어 있었고, 라오스인들이 열심히 기도를 올리고 있었다. 산 정상에서는 짚라인을 타는 여행자들의 비명소리가 또 한 번 메아리처럼 울려 퍼졌다.

블루 라군

어떻게 가야 할까?

▶ **여행자 거리에서 자전거나 스쿠터로 이동하는 방법**

① 여행자 거리에서 남쪽 블루 라군 방향으로 왼쪽에 비엔티안 주 기술 대학(Technical College of Vientiane Province) 건물이 보일 때까지 500여m를 직진한다.

② 오른쪽에 남쏨 마사지가 보인다. 이 건물을 끼고 비포장도로로 우회전한다.

③ 왼쪽으로 빌라 방비엥 리버사이드(Villa Vang Vieng Riverside) 호텔을 지난다.

④ 직진해서 통행세를 지불한 뒤 다리를 건넌다. 다리를 건너 가다 보면 지도가 나타난다.

⑤ 우회전하면 블루 라군까지 7km 남았다는 이정표
  가 있다.

⑥ 포장도로를 따라 계속 이동하면 블루 라군의 입구
  가 보인다.

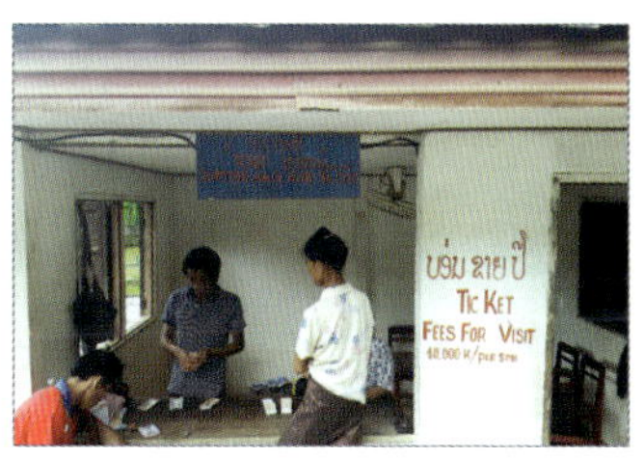

▶ **여행자 거리에서 툭툭으로 이동하는 방법**

툭툭은 보통 왕복으로 이용해야 해서 블루 라군에서 마음껏 자유 시간을 즐기고 싶어도 시간적 제약을 받을 수밖에 없다. 보통 블루 라군에서의 대기 시간은 2시간이다. 왕복 비용은 13만K 정도다.

> **Tip** 방비엥 시내에서 블루 라군까지의 거리는 7km다. 한적한 시골길을 즐기고 싶거나 자전거 하이킹을 원하는 여행자는 도전해볼 만하다. 다만 무더위에 강한 인내를 요구한다. 비용은 1일 기준으로 2만K 정도이며, 방비엥의 여행자 거리에 있는 자전거 대여점에서 빌릴 수 있다. 또 다른 교통수단인 스쿠터는 자전거보다 속도감이 좋으며 주위 풍광을 마음껏 구경하며 이동할 수 있다는 장점이 있다. 1일 대여를 기준으로 자동은 6만K, 수동은 4만K 정도다. 자전거와 마찬가지로 여행자 거리의 스쿠터 대여점에서 대여할 수 있다.

블루 라군
어떻게 즐겨볼까?

방갈로

블루 라군에 마련된 방갈로는 무료다. 블루 라군 도착시 자리가 비어 있는 방갈로는 마음껏 이용할 수 있다.

놀거리

블루 라군의 꽃은 다이빙이다. 3m의 초보 코스부터 5m의 고난이도 코스가 있다. 4m 이상의 높이에서 다이빙을 원한다면 구명조끼를 착용하는 것이 좋다.

> **Tip** 방갈로 앞에는 유아들이 놀 수 있는 낮은 깊이의 라군이 있다. 또한 1만K 정도의 추가 비용을 지불하면 이용할 수 있는 작은 규모의 워터 슬라이스도 있다. 어린이를 동반한 가족 여행자들은 유아들이 놀 수 있는 장소에서 라군을 즐겨보자.

탐 푸캄

탐 푸캄에서 겪는 동굴 체험은 색다른 경험이다. 헤
드랜턴을 착용한 후 동굴을 탐험하다 보면 무더운 라
오스에서도 시원한 긴장감을 맛볼 수 있다. 입구에서
헤드랜턴을 대여하는 비용은 1만K이다.

카페테리아

쌀국수와 샌드위치 등 간단한 먹을거리를 판다. 주문
과 동시에 갈아서 내어주는 코코넛 셰이크는 이곳에
서만 즐길 수 있어 특별하다.

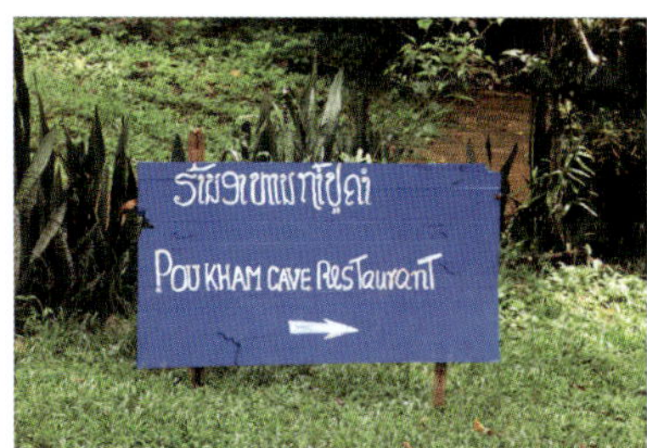

짚라인

여행사를 통해서 블루 라군 패키지를 예약할 때 짚라인도 함께 신청할 수 있다. 짚라인 투어는 여행사별로 다른 지역에
다양한 코스를 운영하고 있다. 블루 라군에서의 짚라인은 장갑이나 헬멧 같은 장비를 착용한 후 5분 정도 도보로 이동
해서 짚라인을 타고 내려온다. 속도에 따라 5곳의 코스가 있다.

유러피안 거리

Thanon European

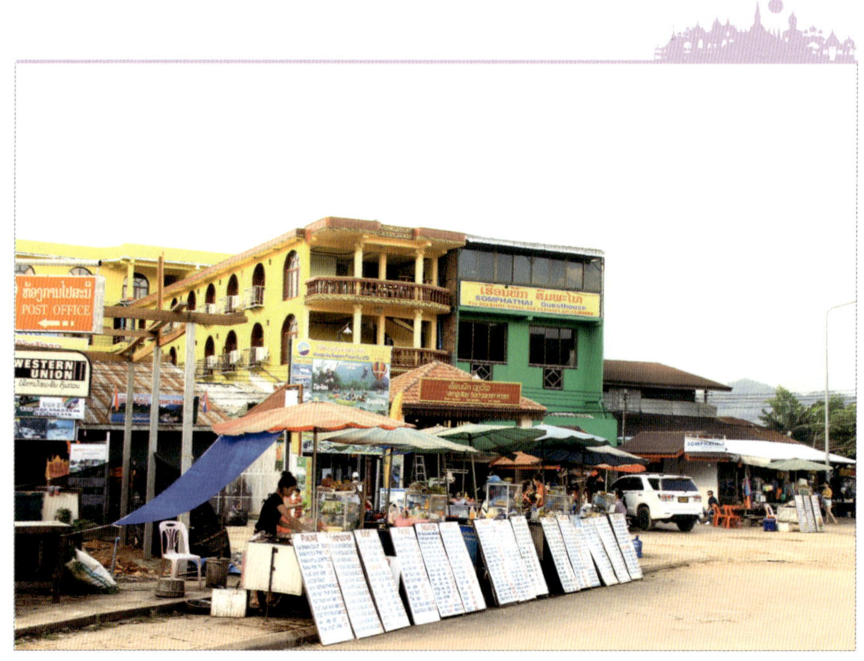

방비엥에서 유러피안 거리라고 정확히 명명된 곳은 없다. 방비엥 마을 타운에 유럽의 배낭족들이 모여들면서 자연스럽게 유러피안 거리로 불리기 시작했다. 방비엥은 때묻지 않은 수려한 자연 경관 외에도 술이나 마약을 쉽게 접할 수 있는 은폐성 때문에 1980년대부터 유럽의 배낭족들이 모여들며 여행자들의 천국이 되었다. 특히 1999년부터 유기농 농장의 노동자들에게 휴식 차원에서 제공했던 튜빙이 방비엥 여행의 필수 코스로 자리매김하면서 라오스를 방문한 여행자들의 정거장 같은 장소가 되었다.

유러피안 거리에는 쏭강 주변으로 유명한 사쿠라 바(Sakura Bar)를 비롯해 수많은 바와 거리를 메운 먹을거리로 가득하다. 어둠이 내려앉은 유러피안 거리는 쿵쾅거

리는 음악으로 오늘도 수많은 여행자의 가슴을 설레게 한다. 낮 동안 뜨겁게 예열된 유러피안 거리를 찾아 열정을 불태워보자.

이용 안내

◆ **이용료**: 무료 ◆ **위치**: 방비엥 마을 거리

📝 느낌 한마디

타운을 2번 돌다 보니 모두들 낯익은 얼굴이 되었다. 마을 구석구석을 도는 데도 30분이면 충분하다. 해가 지면 여행자들이 누구나 할 것 없이 슬리퍼와 반바지 차림으로 산책을 즐긴다. 거리를 걷다 보면 비엔티안에서 같이 이동했던 여행자도 만날 수 있고, 낮에 같이 투어를 즐겼던 여행자도 만날 수 있다. 여기에 더해 가벼운 인사로 손쉽게 친구가 될 수도 있다. 어둠이 내린 거리의 노점들은 하나둘씩 천막을 거두며 여행자들의 간식을 준비하고, 사쿠라 바에서 흘러나오는 음악은 여행자들의 발걸음을 멈추게 한다. 샌드위치나 로띠로 시장기를 달래고 마사지를 받으라는 호객 행위에 가벼운 눈웃음을 건네본다. 비어라오로 시작된 방비엥의 밤은 끝임없이 이어지는 비바 클럽의 춤으로 새벽까지 이어진다.

유러피안 거리

어떻게 즐겨볼까?

방비엥에서 꼭 먹어보아야 할 간식 중 하나가 샌드위치다. 베이컨과 치즈 등을 듬뿍 넣은 샌드위치는 식사대용으로도 충분하다.

방비엥 여행자들의 필수 코스 중 하나인 사쿠라 바다. 어둠이 내려앉기 시작하면 밤이 아쉬운 여행자들이 하나둘씩 찾아오기 시작한다. 주사위 게임이나 주류 무료 시음 같은 이벤트도 진행한다.

라오스 국내나 인근 국가로 이동할 수 있는 미니버스, VIP 버스, 슬리핑 버스 등을 탈 수 있는 티켓이나 방비엥 투어를 판매하는 여행사들도 곳곳에 있다.

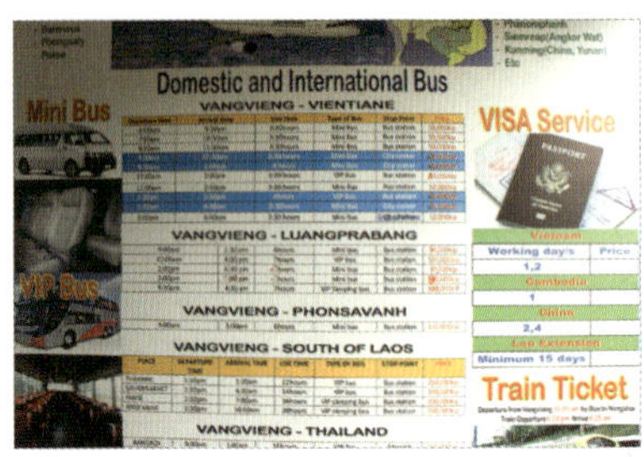

바나나나 망고 등을 넣고 철판에 굽는 라오스식 팬케이크 로띠를 경험해보자.

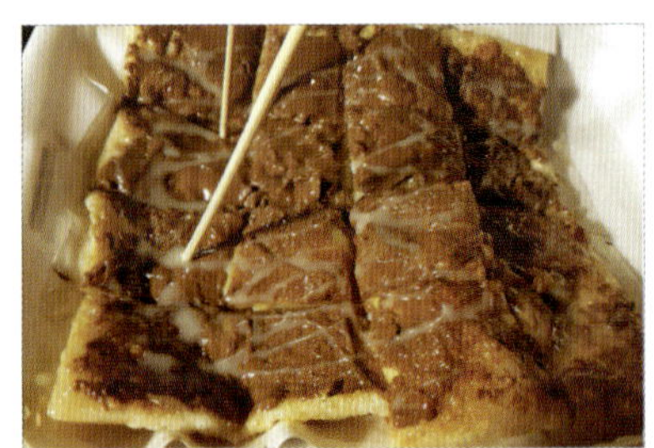

유러피안 거리의 곳곳에는 다양한 마사지 숍이 있다.

즉석에서 갈아주는 생과일주스는 시원해서 더운 라오스에서는 최고의 음료수다. 루앙프라방 베이커리 앞 생과일주스가 방비엥에서 가장 저렴할 뿐만 아니라 맛이 좋다.

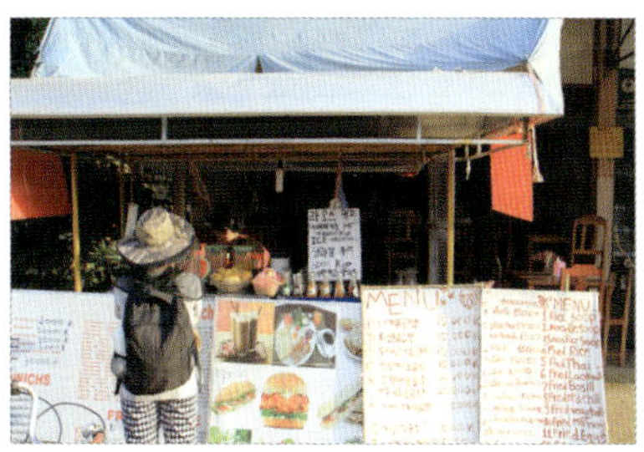

루앙프라방 베이커리는 방비엥 여행자들이 사랑하는 만남의 장소다. 유럽풍 외관과 화려한 실내, 무료 와이파이로 여행자들의 정거장 같은 장소가 되었다.

블루 라군이나 방비엥 마을을 특별하게 이동하고 싶은 여행자들은 버기카를 이용할 수도 있다. 방비엥 마을을 굉음과 함께 버기카로 달려보는 것도 색다른 체험이 될 것이다.

라오스식으로 맛보는 샌드위치와 로띠,
유러피안 거리 노점
Thanon European Streetstall

라오스에서 맛볼 수 있는 대표 길거리 음식이 바로 샌드위치와 로띠다. 프랑스령이었던 라오스는 자연스럽게 바게트가 발달했다. 샌드위치는 햄 비프 갈릭 샌드위치, 햄 달걀 마늘 샌드위치, 치킨 베이컨 치즈 갈릭 샌드위치 등 종류가 다양하다. 대표적인 치킨 베이컨 치즈 갈릭 샌드위치는 먼저 바게트를 버터에 구운 후 구워서 조리한 양파·마늘·베이컨·치킨 등을 바게트에 넣고, 오이·토마토·치즈·케첩에 더해 비법 소스를 뿌린 후 먹는 음식이다.

또 하나의 길거리 음식인 로띠는 얇게 부친 팬케이크에 바나나를 듬뿍 넣고 바삭하게 구운 다음 악마의 잼인 누텔라를 바른 후 연유와 초코시럽까지 뿌려 먹는 음식이다. 높은 칼로리가 다소 부담스럽지만 바삭하게 익은 반죽의 고소함과 달콤한 바

나나가 절묘한 조화를 이룬다. 간혹 바
나나가 덜 익어 신맛이 나는 경우가
종종 있다.

이용 안내

◆**가격:** 로띠 1만K 이상, 샌드위치 2만K 이상 ◆**위치:** 유러피안 거리

Tip **어느 샌드위치 가게가 인기일까?**
방비엥에서의 로띠는 또 다른 음식문화를 체험해보는 기회라
고 할 수도 있다. 로띠를 찾는 여행자가 늘어나서 다양한 종류
의 로띠가 개발되기도 했다. 유러피안 거리 바나나 레스토랑에
서 K마트 쪽으로 세 번째 샌드위치 가게를 여행자들이 가장 많
이 찾는다.

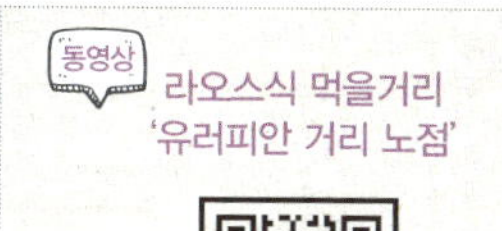 라오스식 먹을거리
'유러피안 거리 노점'

📝 **느낌 한마디**

새벽거리를 산책하고 샌드위치 가게를 찾았다. 가게로 막 배달된 바게트가 갓 구운 듯 바삭해보
인다. 기름을 두르고 계란을 부친 다음 베이컨과 양파를 굽는 경쾌한 소리만으로도 군침이 돈다.
바게트를 반으로 갈라 구운 재료와 치킨을 넣고 비법 소스로 마무리한 샌드위치를 건네받았다.
친절히 반을 잘라 내어준 샌드위치가 먹음직스럽다. 바삭한 빵에 어우러진 속재료가 소스와 절묘
히 어우러진 샌드위치는 아침식사로도 충분했다. 무엇보다 나중에 다시 생각날 것 같이 맛이 일
품이었다. 투어를 마감하고 어두워진 거리를 지나다 로띠를 주문했다. 팬에 기름을 두른 후 얇게
빈대떡처럼 퍼진 반죽에 바나나를 올렸다. 책을 접듯이 모양을 만들고 바삭하게 구운 후 누텔라
를 바른다. 약간 느끼했지만 바삭함과 잼의 조화가 돋보였다. 방비엥이 자랑하는 길거리 음식으
로 기분 좋게 하루를 마감했다.

불고기와 샤브샤브의 절묘한 만남,

피핑솜

Peeping Som's

'신닷 까오리'는 라오스식 한국 음식을 말하는데, 우리나라 건설회사의 현장 노동자들이 먹기 시작하면서 알려지기 시작했다. 신닷은 우리나라의 삼겹살 구이와 샤브샤브를 섞어 놓은 퓨전 음식이다. 불판 가운데에서 고기를 굽고 오목한 곳에 육수와 야채를 넣는다. 그런 다음 고기가 구워지면서 나오는 육즙으로 샤브샤브처럼 야채를 익혀서 먹는다. 라오스에서는 고급 음식으로 분류되는 인기 음식 중 하나로 야채와 고기가 절묘하게 조화를 이룬다.

라오스에서는 소고기보다 돼지고기의 육질이 더 부드럽기 때문에 신닷을 주문할 때도 돼지고기를 주문하는 것이 좋다. 육수에 마늘과 고추를 같이 넣어 먹으면 좀더 칼칼한 맛을 즐길 수 있다. 어느 순간부터 신닷 까오리는 라오스를 여행하는 한국인에게도 인기 있는 음식이 되었다. 특히 피핑솜은 다른 신닷 레스토랑보다 깔끔한 분위기가 장점이라서 여행자들의 성지와도 같은 장소가 되었다.

이용 안내

◆**영업시간:** 12:00~02:00 ◆**가격:** 삼겹살 1인분 4만K, 쇠고기 1인분 4만 5천K ◆**전화:** 020-225-4415 ◆**위치:** 폰트래블에서 도보 5분 거리

Tip 미타 팜(Mitta Pharp)

미타 팜은 피핑솜 바로 옆에 위치한 가게다. 피핑솜보다 좀더 저렴한 가격으로 같은 메뉴를 여유롭게 즐길 수 있다는 장점이 있다.

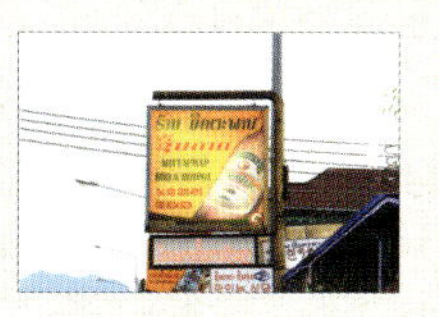

동영상 라오스식 한국 음식 '피핑솜'

느낌 한마디

라오스 레스토랑에서 한국 음악이 흘러나오기 시작했다. 레스토랑도 한류 열풍이다. 직원들이 한국어로 간단한 인사말도 건넨다. 자리에 착석해서 이 곳의 인기 메뉴인 삼겹살을 주문해본다. 불판이 올려지고 육수를 두른다. 고기를 굽자 기름이 흘러 육수 맛을 일품으로 만들었다. 불판에 구워지는 고기는 한국식 삼겹살이었고, 육수 속에서 건져 같이 먹는 야채는 샤브샤브였다. 고기를 먹은 다음에는 샤브샤브 육수에 밥을 말아보았다. 양념된 육수는 시원한 맛이었다. 고추를 곁들이니 칼칼한 맛이 한 층 더 입맛을 돋우었다. 무엇보다 비어라오와 함께한 신닷 까오리는 또 다른 특별한 맛을 선사했다.

피핑솜

어떻게 가야 할까?

① 폰트래블을 정면으로 보고 왼쪽으로 직진한다.

② 왼쪽에 있는 사원을 지나 계속 걸어간다.

③ 뿔살구이집을 지난다.

④ 피핑솜이다.

다양한 음식과 함께 즐기는 아름다운 경치,
바나나 레스토랑
Banana Restaurant

샌드위치 노점이 즐비한 곳에 위치한 바나나 레스토랑은 식사를 하고 편히 쉴 수 있게 쿠션 등받이까지 마련되어 있다.

셰이크 음료부터 비프 볶음밥, 바나나 팬케이크, 스테이크, 미트볼 스파게티, 샌드위치 등 다양한 음식을 판매하고 있다. 바로 옆에는 비슷한 스타일로 경쟁중인 어더사이드 레스토랑(Otherside Restaurant)도 있다. 여행 때문에 심신이 지친 날의 낮이라면 바나나 레스토랑을 찾아 더위도 식히고 식사도 하면서 휴식을 취해보자. 반대로 저녁에 찾게 되었다면 아름다운 해질녘을 구경하면서 맛있는 음식과 함께 여행의 묘미를 즐겨보자. 바나나 레스토랑이 멋진 식사공간이자 최고의 휴식 공간이라는 사실을 깨닫게 될 것이다.

이용 안내

◆ **영업시간:** 09:00~21:00 ◆ **가격:** 볶음밥 3만 5천K, 치킨 스테이크 5만K ◆ **주소:** Thanon Kangmuong, Vang Vieng ◆ **전화번호:** 020-5665-9242 ◆ **위치:** K마트를 정면으로 해서 오른쪽 두 번째 가게

Tip 바나나 레스토랑의 전망

방비엥에서 일정이 여유로운 여행자들이라면 하루 종일 바나나 레스토랑에서 시간을 보내도 아깝지 않다. 왜냐하면 그만큼 아름다운 경치를 자랑하기 때문이다. 특히 일몰 시간에 맞추어 레스토랑을 찾는다면 쏭강과 파등산의 화려한 장관을 감상할 수 있다.

동영상 라오스식 볶음밥 '바나나 레스토랑'

느낌 한마디

레스토랑에 도착하니 해질녘을 구경할 수 있는 강변 자리는 이미 사람들로 빼곡했다. 할 수 없이 입구 자리로 이동했다. 등받이 쿠션에 기대서 누워 휴식을 취하다가 주문한 볶음밥을 받았다. 별 기대 없이 주문한 볶음밥 맛이 수저를 바쁘게 움직이도록 했다. 적당히 둘러진 기름기가 쌀국수로 길들여진 입맛을 자극했다. 핫소스를 뿌려보니 매콤함이 자극적이다. 맛나게 볶음밥을 먹고 자리에 누워보았더니 유토피아가 따로 없다. 먹고 쉬고, 쉬고 또 일어나 음식을 주문해서 먹는다. 바나나 레스토랑은 여행으로 지친 심신을 달랠 수 있는 훌륭한 쉼터였다.

바나나 레스토랑

어떻게 가야 할까?

1 폰트래블을 등지고 직진한 다음 왼쪽에 있는 사쿠라 바를 지나 삼거리까지 직진 후 우회전한다.

2 끝 지점의 솜파타이 게스트하우스(Somphathai Guesthouse)에서 좌회전한다.

3 끝 지점인 K마트까지 직진한다.

4 K마트를 정면으로 보고 우회전하면 두 번째 레스토랑이 바나나 레스토랑이다.

방비엥을 한눈에 담는 종유석 동굴,
탐 짱
Tham Jang

방비엥을 한눈에 담는 종유석 동굴,

탐 짱은 방비엥을 대표하는 종유석 동굴이다. 방비엥의 가장 남쪽이자 제일 높은 위치에 있어 부족 간의 싸움에서 피난처로 자주 이용되고는 했다. 특히 19세기 중국 원난성 부족이 습격했을 때 벙커 역할을 했다.

동굴 입구의 넓은 잔디밭에서는 돗자리를 깔고 앉아 주변 경치를 감상할 수 있다. 휴일이면 방비엥에 사는 라오스인들이 산책하려는 목적으로 자주 찾는다. 동굴 입구의 왼쪽에는 방비엥 일대를 내려다볼 수 있는 전망대가 있다. 사실 탐 짱의 가장 하이라이트가 바로 전망대다. 전망대에서 내려다보는 방비엥의 모습은 몽환적 정취를 안겨준다.

동굴 내부의 종유석은 한국의 석회 동굴보다 규모는 작지만 라오스만의 독특한 특징을 가지고 있다. 특히 발바닥 모양의 종유석이나 의자 모양의 종유석이 눈길을 사로잡는다. 탐 짱에서 방비엥의 새로운 모습을 즐겨보자.

이용 안내

◆ **운영시간:** 08:00~16:30 ◆ **다리 통행료:** 자전거 2천K, 사람 2천K(교통수단에 따라 차등) ◆ **입장료:** 1만 5천K
◆ **주소:** Ban Muang Song, Vang Vieng ◆ **위치:** 시내에서 썽태우로 약 20분

Tip 매표소 왼쪽의 라군

동굴의 매표소 왼쪽에 위치한 라군은 물이 맑고 시원해 물놀이로 인기 있는 곳이다. 특히 한국 TV 프로그램에 출연한 3인방이 이 라군에서 신나게 헤엄치고 물놀이를 즐기면서 여행자들의 인기 코스가 되었다. 다만 우기 때는 물살이 세고 깊어서 주의를 요한다.

동영상 방비엥 최남단 동굴 '탐 짱'

매표소 입구에서 아이들이 속옷만 입은 채 정신없이 놀고 있다. 우리가 여름에 찾아가는 계곡처럼 물이 맑다. 파란 물감을 풀어놓은 듯 옥빛이라서 보는 것만으로 더위가 가신다. 정상에 오르니 방비엥이 한눈에 들어왔다. 수채화 한 점을 보는 것처럼 멋진 풍경이었다. 동굴에서는 냉기가 쏟아져 상쾌하게 기분전환을 한 느낌이다. 내부에는 한국의 석류동굴에 온 듯 진귀한 종유석들이 자리를 틀고 있었다. 떨어지는 물소리가 청아했다. 또 다른 전망대로 자리를 옮겨서 바라보니 고층빌딩만 빼곡한 도시와는 달리 주황색 지붕이 옹기종기 모여 멋스러운 마을을 이루고 있었다. 고즈넉한 방비엥의 모습을 바라보고 있자니 시간 가는 줄도 모를 지경이다.

탐 짱
어떻게 가야 할까?

▶ **여행자 거리에서 자전거로 이동하는 방법**

① 여행자 거리에서 탐 짱이나 블루 라군 방향으로 이동해서 왼쪽에 비엔티안 주 기술 대학이 보일 때까지 500여m를 직진한다.

② 삼거리의 끝 지점까지 300여m를 직진한 후 방비엥 리조트 레스토랑(Vang Vieng Resort Restaurant)의 이정표를 보고 우회전한다.

③ 매표소에서 다리의 통행료를 지불한다. 그리고 타고 온 교통수단을 주홍 철교 앞에 주차하고, 철교를 건너자마자 왼쪽의 노점들을 따라서 걷는다.

④ 매표소에서 입장료를 내고 147계단을 오르면 동굴 입구다.

탐 짱

어떻게 즐겨볼까?

매표소 입구의 왼쪽에 있는 라군에서 물놀이를 즐겨
본다. 라군은 방비엥의 무더위를 식히기에 그만이다.

왕의 의자라는 별칭이 붙은 종유석이다.

사람의 발바닥 모양을 닮은 종유석이다.

계단 위 입구 전망대에서 바라본 방비엥 풍경이다.
동굴 내부에도 전망대가 있다. 내부 전망대는 입구로
들어온 후 좌회전하면 그 끝 지점에 있다.

셋째 날

최고의 액티비티 투어로 보내는 하루,
방비엥

LAOS

여행지마다 가장 핫한 투어 코스가 있기 마련이다. 방비엥에는 쏭강과 함께하는 라오스의 액티비티 투어가 있다. 개별적인 이동보다 여행사를 통해 패키지로 참여하는 편이 덜 복잡할뿐더러 실속까지 있다. 라오스의 셋째 날 일정으로 방비엥의 액티비티 투어를 소개한다. 카약킹과 짚라인을 도전하는 것만으로도 이미 방비엥은 여행자들의 것이다. 방비엥의 인기 액티비티로 해묵은 스트레스를 날려보자.

일정 한눈에 보기

탐 쌍 ▶ 탐 남 ▶ 카약킹 ▶

짚라인

셋째 날
일정지도
탐 쌍
탐 남
오가닉 팜

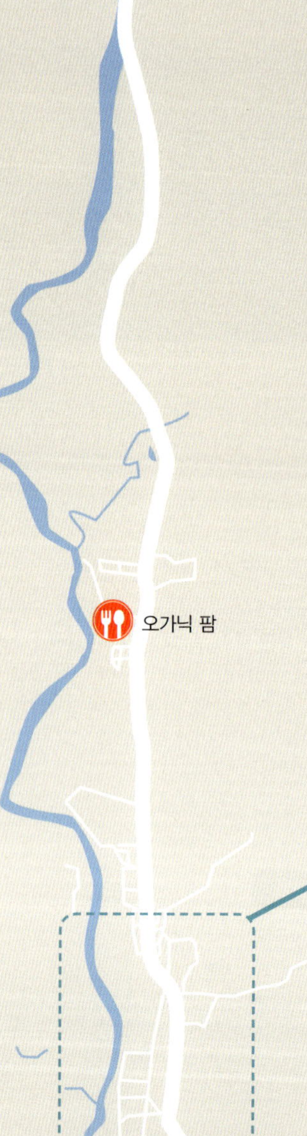

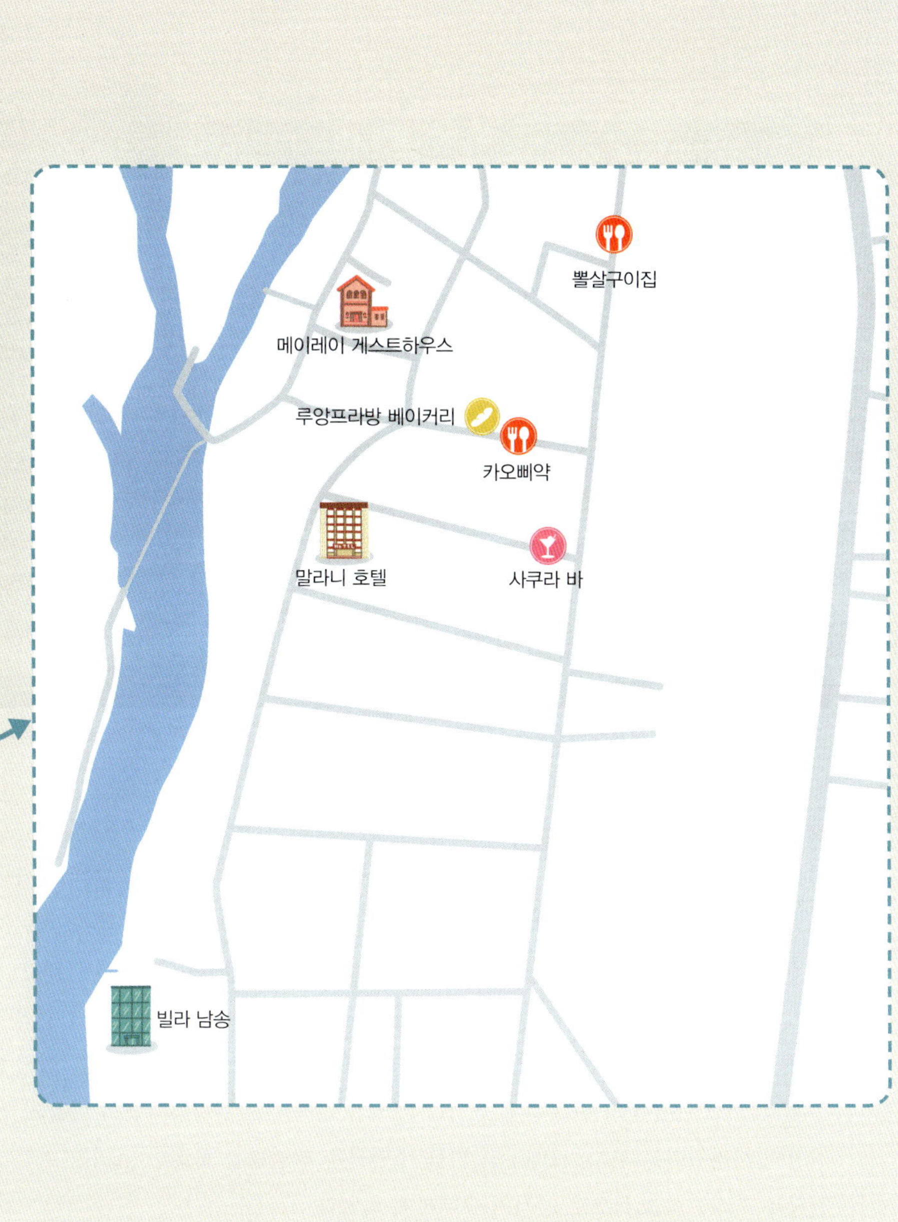

뽈살구이집
메이레이 게스트하우스
루앙프라방 베이커리
카오삐약
말라니 호텔
사쿠라 바
빌라 남송

탐 쌍

Tham Xang

라오스어로 탐(Tham)은 '동굴', 쌍(Xang)은 '코끼리'라는 뜻이다. 탐 쌍은 작은 규모 지만 깊은 의미가 담겨 있는 동굴이다. 원래 탐 쌍 내부에는 코끼리 종유석이 아니 라 악마 머리의 종유석이 있었다고 한다. 반 탐(Ban Tham) 마을의 주민들은 유독 악 마 머리를 무서워했고, 동굴에 흐르는 깨끗한 물도 사악한 물이라고 마시지 않았다. 급기야 1956년 반 탐 마을에는 전염병이 유행하기 시작했는데, 주민들은 그 원인이 악마 머리 때문이라고 생각했다. 주민들은 상황을 타개하고자 악마 머리를 파괴했 는데, 파괴한 종유석의 반대편에 코끼리 머리가 기적적으로 형성되면서 마을의 전 염병이 사라졌다고 한다. 그때부터 마을 주민들은 전염병을 물리친 코끼리 머리를 건강을 지키는 수호신으로 여기며 숭배하게 되었다.

연례적으로 라오스의 새해인 4월이
되면 이곳에서는 코끼리 머리에 물을
뿌리며 건강을 기원한다. 황금 불상 뒤
오른쪽 모서리에 위치한 코끼리 머리
를 만지는 것은 금기시되며, 동굴 내의
박쥐를 잡는 것도 금지된다. 인도차이
나 전쟁 당시에는 마을 주민들의 피신
처이기도 했다. 가파른 계단에서 바라
보는 뷰는 또 다른 운치를 자아낸다.

이용 안내

◆ **입장료**: 5천K ◆ **다리 통행료**: 5천K ◆ **위치**: 방비엥에서 북쪽으로 14km 지점

Tip1 일부 여행자는 1일에 블루 라군, 탐 남(튜빙), 카약킹, 짚라인이 모두 포함된 데일리 투어 코스를 예약하는 경우가 있다. 아무리 강인한 체력이라도 1일차에 모든 것을 소화하기는 불가능하다. 방비엥을 제대로 즐기고자 하는 여행자는 1일차 블루 라군, 2일차 데일리 투어로 진행하는 것이 좋다. 패키지 상품에는 다리 통행료와 입장료가 포함되어 있다.

Tip2 **방비엥 액티비티 투어시 꼭 챙겨야 할 품목**
선크림, 선글라스, 샌들, 카메라, 갈아입을 간단한 여벌 옷, 방수팩

느낌 한마디

1970년대의 한국 시골 마을을 보는 기분이다. 탐 쌍 주변에서는 경운기로 논을 갈고, 마당에서는 닭들이 모이 쫓기에 정신이 없다. 동굴 안에 모셔져 있는 금불상에는 꽃들이 가지런히 놓여 있고, 입구에는 행운을 기원하는 테이블이 마련되어 있다. 오른쪽 천정에는 코끼리 형상의 종유석이 있었다. 더 안쪽으로 들어가서 바라본 종유석은 코끼리와 똑같았다. 곳곳에 존재하는 라오스 불상은 모양도 크기도 다양했다. 탐 쌍에서도 라오스인들의 기도는 여전했다. 탐 쌍에 대해 설명하던 현지 가이드의 익살스러운 영어 번역에 투어에 참여한 여행자들의 웃음이 탐 쌍을 메웠다. 나도 덩달아 웃으면서 오늘도 행복한 일만 가득하기를 빌어보았다.

액티비티 투어

어떻게 가야 할까?

▶ **여행사 패키지 상품으로 이동하는 방법**

(1) 오전 8시에 썽태우에 탑승한 후 북쪽 14km까지 30분 정도 이동한다.

(2) 썽태우에서 내린 곳부터 탐 쌍까지 15~20분 정도 트레킹한다.

(3) 탐 쌍을 구경한 후 탐 남에서 튜빙 체험을 한다.

(4) 점심식사 후 썽태우을 타고 카약킹을 하는 장소로 이동한다.

⑤ 카약킹을 진행한다.

⑥ 중간 지점에서 짚라인을 진행한다.

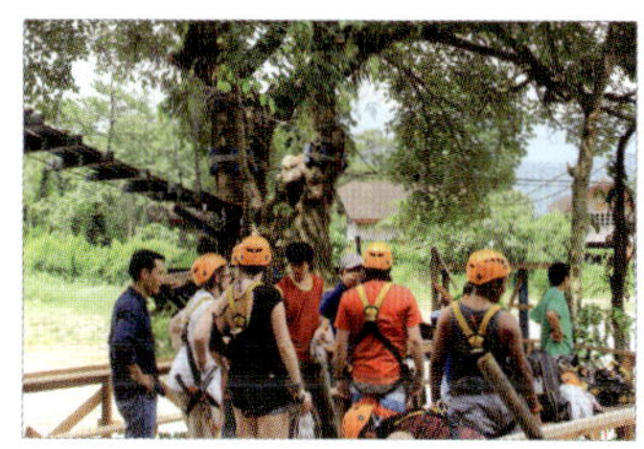

⑦ 다시 카약킹으로 빌라 남송 근처에 도착한 후
오후 5시에 투어를 종료한다.

탐 쌍

어떻게 즐겨볼까?

와불상

열반에 들어 죽음을 기다리는 부처상을 형상화했다. 황금색의 자애로운 모습과 그 아래에서 열반을 기원하는 승려들의 모습이 함께한다.

코끼리 모양의 종유석

동굴 안쪽으로 이동하게 되면 코끼리 모양의 종유석이 확실히 보인다. 마치 새끼 코끼리 한 마리가 동굴을 지키는 듯한 모습이다.

황금 불상

동굴에는 불교 관련 자료, 불상들이 장식되어 있고 기도를 올리면서 바친 꽃들이 놓여 있다.

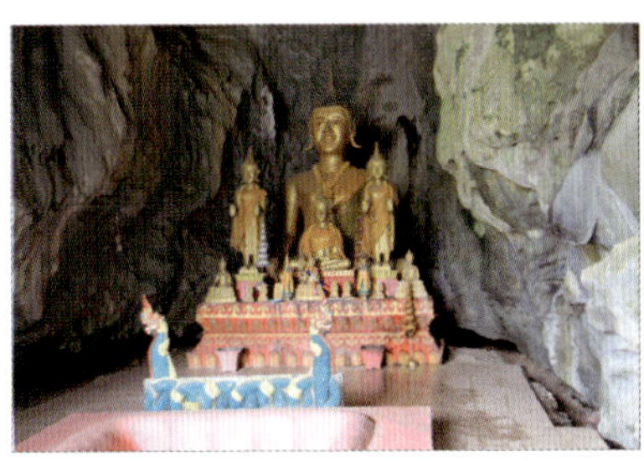

계단에서 바라본 마을

평화로운 시골 마을이다. 마을에는 간단히 요기를 할 수 있는 식당들도 마련되어 있지만 시설이 열악하다. 라오스의 시골 모습을 감상할 수 있다.

탐 남

Tham Nam

탐 남은 석회암이 녹아 형성된 석회 수중동굴로 길이가 4km나 된다. 보통 석회암 동굴은 지상에 있지만, 탐 남은 물을 끼고 형성되어 있다. 튜빙 체험을 위해 튜브에 몸을 싣고 밧줄을 당기며 동굴로 이동하다 보면 랜턴에 비추어진 기괴한 모양의 종유석과 헤아릴 수 없이 작은 물고기들을 볼 수 있다. 튜빙 전 간단히 주의사항을 숙지한 후 이동하며, 총 소요시간은 30분 정도다. 튜빙중 물의 깊이가 낮은 중간 지점에서는 걸어서 이동할 수도 있다.

튜빙은 성수기에는 투어 신청자가 몰려 1~2시간 기다리는 것이 기본일 정도로 인기 있다. 다만 우기에는 불어난 물로 튜빙을 못할 수도 있다. 개별적으로 탐 남을 찾는다면 조용한 오후에 방문하는 것도 방법이다. 밧줄을 당겨서 이동하기 때문에

한국에서 미리 목장갑을 챙겨가도록 하자. 또한 여행사를 통해 패키지 상품을 이용한다면 구명조끼·전등·점심식사가 포함되어 있는지 확인해야 한다. 머리에 착용한 전등 하나로 어둠을 밝히고, 모르는 사람들에 의지해 이동하는 스릴에 빠져보자.

이용 안내

◆**동굴 입구 다리 통행료:** 5천K(패키지 상품에 포함) ◆**입장료:** 1만K(패키지 상품에 포함) ◆**위치:** 방비엥에서 북쪽으로 14km 지점

📝 느낌 한마디

40도를 육박하는 기온에도 오금이 저릴 정도로 물이 차다. 저절로 생기는 긴장감을 애써 뒤로 하고 랜턴을 밝혔다. 줄 쪽으로 이동하고 싶었지만 튜브에 맡긴 몸은 반대 방향으로 떠내려갔다. 다행히 안전요원의 도움으로 겨우 줄을 당겨볼 수 있었다. 잠시 적막함이 몰려왔다가 달아났다. 무리에서 뒤처지지 않게 힘껏 줄을 당겼다. 한국인 관광객이 맞추어 지르는 합창 소리에 동굴이 떠나갈 것 같았다. 마음껏 외칠 수 있는 배짱과 열정, 그리고 젊음이 좋았다.
중간 지점에 도달하니 마주 오는 팀들이 물장구를 치며 장난을 걸어왔다. 우리도 질세라 발을 굴려 물을 튕겨보았다. 얼굴은 이미 물 범벅이 된 지 오래였다. 언제 이렇게 동심으로 돌아가 놀아본 적이 있었던가? 탐 남에서의 튜빙은 잊혀졌던 어린 날의 추억을 상기시켜주었다.

카약킹

Kayaking

노를 저어 보지 않은 여행자들은 라오스의 쏭강을 가로지르는 맛을 절대 알 수 없다. 보통 카약킹은 오가닉 팜 앞의 쏭강에서 출발해 빌라 남송까지 5km 정도를 이동한다. 출발하기 전 노를 젓는 방법에 대해 간단하게 설명을 듣고 탑승한다. 2인 1조로 강을 따라 이동하다 보면 곳곳에 있는 바에서 신나는 음악소리가 들린다. 잠시 카약을 대고 올라가면 노상 바가 준비되어 있다. 이곳에서 흑빛 쏭강의 대자연을 즐기며 먼저 도착한 팀들과 춤이나 음악으로 하나가 된다.

우기에는 유속이 빨라져 더 스릴 있는 카약을 즐길 수 있고, 건기에는 유속은 느리지만 쏭강의 풍광을 천천히 즐길 수 있다는 장점이 있다. 카약을 타기 전 구명조끼 착용은 필수이며, 카약이 뒤집혀 물속에 빠지더라도 구명조끼와 안전요원이 있

어서 문제없다. 또한 문제가 발생하더라도 오랜 시간 수상 교육을 받은 현지 가이드들의 손에 의해 구조작업이 이루어지기도 한다.

이용 안내

◆ **위치:** 오가닉 팜 앞의 쏭강

> **Tip** 카약이 아닌 모터보트를 이용해 쏭강을 구경할 수도 있다. 모터보트의 탑승장은 타원숙 호텔이나 빌라 남송 맞은편 등 쏭강 곳곳에 있다. 왕복 1시간 정도가 소요되며, 비용은 1인당 10만K 정도다.

느낌 한마디

"오른쪽!" "왼쪽!" "천천히!" 노를 젓는 현지 가이드의 한국어 구사가 자유자재였다. 한국인 여행자가 라오스를 많이 찾아서인지 간단한 한국어 정도는 기본이었다. 미끄러지듯 카약이 출발하자 쏭강의 멋진 풍광에 제대로 눈호강을 했다. 진흙탕인 쏭강과 녹음이 짙은 산자락이 절묘하게 어우러졌다. 젓던 노를 올리고 잠시 평화로운 상념에 젖어본다. 우리 앞에 있던 대학생 두 팀은 시합을 즐기고 있었다. 앞서거니 뒤서거니 하는 모습이 우리네 인생사 같았다. 그런데 잠시 후 비명소리가 들리더니 장난치던 학생들의 카약이 뒤집혔다. 그 모습을 본 관광객들이 너 나 할 것 없이 한바탕 크게 웃었다. 물장구도 치고, 노래도 부르며 내려오는 쏭강의 카약킹 투어는 그렇게 모든 여행자에게 소중한 추억을 안겨주었다.

짚라인

Zipline

방비엥 여행의 필수 코스인 짚라인은 다른 지역보다 다채로운 코스와 긴 거리를 자랑한다. 구간별 길이는 몇 십 m에서 100m에 이르는 구간까지 다양하게 있고, 일부 여행사에서 운영하는 짚라인의 총 길이는 1,200m가 넘기도 한다.

여행사에 따라 운영하는 장소나 프로그램이 다르지만 대체적으로 첫 구간은 짧게 시작해서 점차 거리가 길어진다. 고소공포증이 있는 여행자라도 짧은 한두 구간만 이동하면 쉽게 적응할 수 있게 만들어졌다. 깎아지른 절벽과 정글이 어우러진 숲을 날아가는 것만으로도 기분 전환이 될 수 있다.

짚라인의 백미는 마지막 코스라고 할 수 있다. 따라서 여행사마다 제일 긴 거리나 수직 활강으로 마지막을 장식한다. 다만 여행사를 선택할 때 화려한 코스이거나 싸

다고 무턱대고 선택해서는 안 된다. 안
전하고 믿을 만한 여행사를 골라 방문
한 다음 상담해보기를 권장한다.

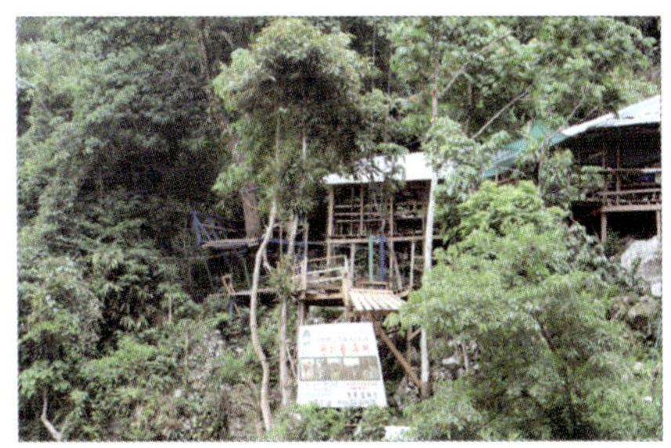

이용 안내

◆ **영업시간:** 08:00~21:00 ◆ **가격:** 셰이크 1만K ◆ **홈페이지:** www.laofarm.org ◆ **위치:** 방비엥 시내에서 북쪽으로
4km 지점

 **Tip** 오가닉 팜(Organic Farm)

방비엥 시내에서 북쪽으로 4km에 위치해 있다. 유기농 농
장으로 염소 젖짜기, 영어 교육, 시골 탐구 등의 프로그램
을 운영하고 있다. 또한 현지 라오스 학교에 영어 교육 사
업도 주관하고 있다. 오가닉 팜에서는 농장에서 직접 재배
한 뽕잎차나 오디를 비롯한 과일 쉐이크를 맛볼 수도 있

다. 가장 자연적인 라오스의 모습을 즐기고 싶은 여행자라면 한번 들러볼 만하다. 풍부한 열대 과일을 즐
기고 싶으면 5~10월이 여행하기 가장 좋은 시기다.

📝 느낌 한마디

방비엥 일정을 짤 때부터 액티비티 투어의 하이라이트인 짚라인은 무조건 도전해야 한다고 생
각했다. 여행사별로 코스가 다르지만 가장 긴 코스를 운영하는 여행사의 짚라인을 이용했다. 7개
구간의 총 길이는 1,350m였다. 처음은 짧은 구간으로 몸이 적응할 수 있는 단계였다. 이후 고난
이도 코스인 정상에서는 한 마리의 새가 된 기분이었다. 홍콩에서 온 여성 여행자는 출발할 때 산
이 떠나갈 정도로 비명을 질렀는데 중간 정도 날면서 적응이 되었는지 셀카를 찍기 시작했다. 우
리 팀은 그녀에게 '아~~악, 찰칵'이라는 별명을 붙여주었다. 이처럼 방비엥에서 짚라인은 스트
레스를 날릴 수 있는 최고 코스이자 누구나 도전할 수 있는 투어 프로그램이었다. 라오스 여행을
다녀오면 가장 기억에 남을 짚라인을 한번 체험해보기를 추천한다.

따뜻한 한국식 죽으로 달래는 아침식사,

카오삐약 카오

Kaopiyak Kao

카오삐약 카오를 라오스어로 해석하면 '젖은 쌀'이라는 뜻이며, 보통 한국에서 먹는 한국식 죽을 생각하면 된다. 닭 뼈를 끓인 육수에 찹쌀을 넣어 만들며, 고명은 식당마다 차이가 있지만 보통 튀긴 마늘, 파, 고기를 올린다. 날계란을 죽과 함께 풀어서 먹거나 라오스의 밀가루 튀김빵을 올려서 먹을 수도 있다. 계란을 원할 때는 '카이', 밀가루 튀김빵을 원할 때는 '카우찌'라고 하면 된다. 해장용 속풀이 음식으로 부담 없이 먹을 수 있고 아침식사 대용으로 안성맞춤이다.

카오삐약 카오를 주문하면 따뜻한 차 또는 커피를 준다. 커피는 향이 강하지만 라오스 현지 커피를 경험할 수 있으니 즐겨보자. 다만 컵이 지저분할 수 있으니 주의하자. 말라니 호텔을 기준으로 왼쪽으로 3개, 오른쪽으로 1개의 가게가 있다. 왼쪽

196

으로 첫 번째는 카오삐약, 가운데 가게는 카오삐약 카오로 유명하다. 라오스의 카오삐약 카오로 방비엥의 아침을 든든하게 챙기자.

이용 안내

◆**영업시간:** 07:00~재료 소진시 영업 종료 ◆**가격:** 카오삐약 카오 1만K, 날계란이나 밀가루 튀김빵 추가 2천K
◆**주소:** Thanon Kangmuong, Vang Vieng ◆**가는 방법:** 폰트래블을 정면으로 보고 오른쪽

Tip 꽃청춘이 반한 까오삐약

카오삐약 카오가 싫은 여행자들은 카오삐약을 즐겨보자. 진한 국물과 쫄깃한 면발, 푸짐한 고명으로 속이 든든해진다. 루앙프라방 베이커리에서 정면을 보고 왼쪽으로 100여 m를 이동하면 된다.

동영상 방비엥의 한국식 죽 '카오삐약 카오'

느낌 한마디

문이 열리기가 무섭게 가게를 찾았지만 이미 그곳을 찾은 라오스인들로 가게는 북적거리고 있었다. 가까스로 주문해서 음식을 받았다. 한 숟가락을 뜨니 아플 때 먹는 미음보다 더 맛나고 부드러웠다. 고명으로 올려진 말린 마늘이 깔끔한 맛을 자아냈다. 여기에 칠리소스를 넣어보니 톡 쏘는 맛이 라오스 음식에 적응된 입맛을 돋우었다. 한 그릇을 비우고 나니 속이 든든했다. 쌀국수와는 또 다른 맛을 자아내는 죽이 더운 라오스 여행으로 지친 심신을 달래주고, 원기를 회복하게 했다. 방비엥에 사는 라오스인들이 많이 찾는 카오삐약 카오를 아침 메뉴로 적극 추천한다.

뽈살구이집

Roasted Jowl Pork

방비엥에는 뽈살구이로 명성이 자자한 집이 있다. 제대로 된 간판도 없이 영업하지만 맛만큼은 최고다. 원조 뽈살구이집은 항상 대기자가 있을 정도로 여행자뿐만 아니라 라오스인들로 인산인해를 이룬다. 뽈살과 같이 양배추, 고수, 삶은 면, 토마토가 함께 나온다. 양배추에 뽈살, 면, 토마토를 올려놓고 보쌈 먹듯이 싸먹으면 된다.

뽈살 외에도 곱창, 돼지 혀, 돼지 가슴살, 닭고기, 오리고기를 재료로 한 다양한 구이가 있다. 이미 한국의 TV 프로그램에도 소개가 되어 한국어로 쓰인 메뉴판도 쉽게 접할 수 있다. 찹쌀밥인 카오냐오도 같이 주문한다면 더욱더 맛난 뽈살구이를 즐길 수 있다. 뽈살구이와 함께 마시는 비어라오로 방비엥의 마지막 밤을 불태워보자.

이용 안내

◆ **가격:** 뽈살구이 2만K ◆ **위치:** 피핑솜 바로 옆집

Tip 돼지 볼살은 돼지코를 중심으로 양 볼에 손바닥 크기만큼 나오는 살을 말한다. 다른 부위보다 쫄깃하고 부드럽다는 특징이 있다. 볼살을 강하게 발음하다 보니 뽈살로 불리게 되었다.

동영상 뽈살구이의 향연 '뽈살구이집'

📝 느낌 한마디

방비엥 마을에서는 뽈살구이집이 어디인지 물어볼 필요도 없다. 연기가 나는 쪽으로 이동하면 되기 때문이다. 멀리서부터 고기 굽는 냄새가 코를 찔렀다. 소문대로 빈자리가 없었다. 잠시 조리하는 고기를 구경해본다. 겨우 구석에 자리를 배정받자마자 뽈살을 주문했다. 뽈살이 다 구워지자 우선 쌈 없이 뽈살만 시식했다. 숯불향 가득한 뽈살이 쫄깃했다. 그다음에는 야채·쌀면·소스와 함께 한국식 고기쌈을 만들어본다. 이 집의 특제 소스 맛이 입 안에서 감겨왔다. 조리대 쪽으로 고개를 돌리니 포장해가는 주문이 계속 이어졌다. 고기를 굽는 종업원은 땀이 비 오듯 했는데 밖에서는 손님들이 끊임없이 찾아오고 있었다. 방비엥 여행자들이 가장 많이 찾는 뽈살구이로 색다른 라오스식 구이를 맛보자.

뿔살구이집

어떻게 가야 할까?

1 폰트래블을 정면으로 보고 왼쪽으로 직진한다.

2 왼쪽에 사원이 나올 때까지 100여m 걷는다.

3 왼쪽의 샌드위치 노점을 지나면 뿔살구이집이 보인다.

클럽에서 즐기는 열정 가득한 밤,

사쿠라 바
Sakura Bar

방비엥에는 뜨거운 해가 사라지면 또 다른 해가 떠오르는 곳이 있다. 바로 사쿠라 바다. 전 세계에서 모여든 젊은 여행자들이 거리낌 없이 어울리며 게임을 하고 술도 마시며 밤새 노는 곳이다. 그래서 사쿠라 바에는 젊음뿐만 아니라 비트 있는 음악과 열정이 있다. 입구 자리에서부터 드러누워 술도 마시고 휴식을 즐길 수 있다. 내부에서는 스포츠 중계를 시작으로 열광적인 분위기를 유도한 후, 음악의 리듬에 맞추어 신나게 춤을 춘다. 한쪽에서는 포켓볼이나 비어퐁 게임(Beer Pong Game)도 할 수 있다.

바마다 차이가 있지만 사쿠라 바에서는 보통 8~9시까지가 프리 드링크 타임이라서 입구에서 공짜 술을 받을 수 있다. 메뉴로는 맥주·보드카·위스키·칵테일 등이 있으며, 보드카 2잔을 구매하면 이벤트로 사쿠라 바의 글자가 새겨진 티셔츠를 선물로 받을 수 있다. 한국클럽에 비해 시설이 낙후하지만 필수 관광 코스라고 할 수 있다. 사쿠라 바에서 전 세계인의 열정을 눈으로 담고 피부로 느껴보자.

이용 안내

◆ **영업시간:** 06:00~24:00 ◆ **주류:** 1만K~ ◆ **위치:** 말라니 빌라 1호점 맞은편

 **Tip1** 비바 클럽(Viva Vang Vieng)

사쿠라 바가 12시에 영업을 종료하면 장소를 옮겨서 새벽 2시까지 흥겨움을 이어갈 수 있는 곳이다. 사쿠라 바를 정면으로 보고 왼쪽 폰트래블까지 간 다음. 거기서 좌회전해서 직진하면 오른쪽에 비바 레스토랑 건물이 비바 클럽이다.

 **Tip2** 비어퐁 게임(Beer Pong Game)

팀을 나누어 맥주가 들어간 상대방 컵에 탁구공을 넣으면 상대방이 맥주를 사게 하는 게임이다.

느낌 한마디

방비엥에 도착한 첫날에는 사쿠라 바에서 시작되어 이어지는 음악으로 잠을 잘 수가 없었다. 그렇게 방비엥의 저녁은 사쿠라 바가 주도하고 있었다. 사쿠라 바는 쿵짝거리는 음악과 흥에 취한 여행자들의 집합소 같았다. 한국인 여행자들을 환영이라도 하듯 입구부터 K-POP이 들려왔다. 방비엥에 온 모든 한국인 여행자가 사쿠라 바에서 회합 모임이라도 하는지 부딪칠 때마다 한국인이었다. 등받이 자리에서는 여행자들끼리 담소를 나누며 술잔을 기울이고 방비엥이 떠나갈 듯이 웃었다. 홀에서는 누구나 할 것 없이 춤을 추며 방비엥의 밤을 밝히고 있었다. 사쿠라 바에는 방비엥의 뜨거운 열정이 고스란히 이어지고 있었다.

넷째 날

찬란했던 란쌍 왕국의 수도, 루앙프라방

LAOS

라오스에는 식민 지배의 잔재가 그대로 남아 있는 도시가 있다. 바로 라오스에서 가장 아름다운 도시 루앙프라방이다. 란쌍 왕국의 중심지였던 루앙프라방의 거리를 걷고 있노라면 마치 유럽의 작은 마을에 온 듯한 느낌이 든다. 넷째 날 일정으로 국립왕궁박물관, 도시 풍경을 한눈에 담을 수 있는 푸 씨, 낮보다 더 화려한 몽족 야시장을 소개한다. 라오스의 세 번째 도시 루앙프라방으로 떠나보자.

일정 한눈에 보기

| 국립왕궁박물관 | ▶ | 씨싸왕웡 거리 | ▶ | 왓 씨엥통 | ▶ |

| 푸 씨 | ▶ | 몽족 야시장 |

넷째 날
일정지도
메콩강
국립왕궁박물관
호 파방
BBQ 메콩 레스토랑
씨싸왕웡 왕
동상
왓 마이
왕궁 컨퍼런스 홀
관광 안내소
BCEL 은행
조마 베이커리 카페
푸 씨
왓 탓루앙

왓 씨엥통
씨엥통 누들 수프
왓 쎈
3 나가스
왓 씨엥우안
왓 빠파이
왓 촘콩
코코넛 가든
칸강
빌라 아페이
게스트하우스
유토피아
왓 아함
왓 위문

루앙프라방을 알차게 즐기려면
꼭 알아야 할 것들

1. 방비엥에서 루앙프라방으로 가기

방비엥에서 루앙프라방으로 가는 방법은 미니밴, 일반버스, VIP 버스, 슬리핑 버스 등 시외버스가 있다. 라오스 여행자의 대부분은 방비엥의 여행사, 호텔 로비 등에서 예약한 미니밴을 이용한다. 멀미가 심한 여행자는 미니밴 탑승시 가장 앞쪽에 앉도록 하자. 루앙프라방에 도착한 후 호텔까지는 툭툭이나 썽태우로 이동한다. 방비엥 K마트에 가는 길목에 위치한 알리바바 투어의 미니밴이 좋다.

미니밴으로 이동시 방비엥에서 루앙프라방으로 가는 시간대로는 오전 9시와 오후 2시 20분이 있다. 소요시간은 5시간이며, 비용은 10만K 정도다. 또한 시외버스를 타고 루앙프라방으로 간다면 방비엥 북부 터미널에서 탑승하면 된다. 이동시간은 보통 5~7시간이며, 여행사나 숙박한 호텔 로비에서 예약할 수 있다.

> **Tip** 루앙프라방은 비엔티안에서 북쪽으로 400km에 위치한 제2의 도시다. 1353년 란쌍 왕국의 수도가 된 이래로 비엔티안으로 바뀌기 전인 1560년까지 라오스의 정치와 문화의 중심지이자 인도차이나 반도에서 가장 강력한 왕국이었다. 그러다 1975년 공산주의 혁명 전까지 라오스의 정신을 상징하는 도시가 되었다. 천혜의 자연경관과 박물관을 방불케 하는 역사성을 인정받아 1995년 유네스코 세계유산으로 등록되었다.

목적지	버스	요금	출발시간	소요시간
	VIP	9만 5천K	10:00	7시간
루앙프라방	슬리핑	12만K	21:00(계절에 따라 시간 변동)	7시간
	미니밴	10만K	09:00, 14:30	5시간

2. 루앙프라방 시내교통

루앙프라방은 천혜의 자연조건을 가진 도시다. 올드타운을 산책하듯 도보로 다니거나 자전거나 오토바이를 대여해서 타는 것도 좋다. 근교의 탐 빡우나 꽝시 폭포로 관광하려면 썽태우나 툭툭, 혹은 여행사의 미니밴을 이용해 구경하면 좋다.

자전거로 올드타운을 정처없이 다닌다면 1시간이면 충분하다. 씨싸왕웡 거리 여행사나 숙소에서 1일 2만K으로 대여할 수 있다. 또한 오토바이로도 충분히 여행을 즐길 수 있다. 다만 사고 발생률이 높으니 안전을 고려해야 한다. 툭툭이나 썽태우는 터미널, 꽝시 폭포, 루앙프라방 다운타운으로 이동시 가장 흔하게 이용할 수 있는 교통수단이다. 꽝시 폭포까지 동료 여행자와 같이 움직일 경우 30만K에 이용할 수 있다.

3. 루앙프라방에서 다른 도시로 가기

루앙프라방에는 버스 정류장이 3곳 있다. 북동쪽으로 3km 떨어져 있는 북부 터미널과 남쪽으로 3km 떨어진 남부 터미널, 베트남·태국으로 떠나는 국제버스를 탈 수 있는 날루앙 터미널이 있다. 루앙프라방을 관광한 후 비엔티안이나 다른 도시로 이동하는 대부분 여행자들은 씨싸왕웡 거리의 여행사에서 버스나 미니밴 티켓을 구입한다.

만약 버스 티켓을 구입한 여행자라면 호텔에서 버스 터미널까지 이동하는 픽업 서비스도 같이 신청하는 것이 좋다. 버스 티켓 이외의 픽업 비용을 추가로 지급하면 픽업 시간에 툭툭 기사가 호텔로 찾아온다. 이 서비스로 터미널까지 이동하면 툭툭 기사와 요금 때문에 실랑이하는 스트레스를 없앨 수 있다.

북부 터미널

루앙프라방 시내에서 북쪽으로 3km 떨어진 북부 터미널은 농키아우(Nongkhiaw), 우돔싸이, 방비엥, 루앙남타, 쌈느아(Xam Neua) 등으로 가는 버스나 미니밴이 운행된다. 시내에서 터미널까지 툭툭으로 3만K, 썽태우 탑승으로 1만K 정도가 든다. 소요시간은 10~15분이 걸린다.

목적지	버스	요금	출발시간	소요시간
농키아우	로컬(완행)	4만K	09:00, 13:00	4시간
우돔싸이	로컬(완행)	5만 5천K	09:00, 12:00, 16:00	6시간
방비엥	로컬(완행)	7만 5천K	10:00	7시간
루앙남타	로컬(완행)	9만 5천K	09:00	9시간
쌈느아	로컬(완행)	14만K	08:30	17시간

날루앙 터미널

남부 터미널 맞은편에 위치하고 있다. 비엔티안으로 가는 VIP 버스나 슬리핑 버스, 베트남·태국으로 가는 국제버스 및 미니밴이 운행된다.

① 미니밴

목적지	요금	출발시간	소요시간
비엔티안	15만K	07:30, 08:30, 17:00	10시간
방비엥	10만 5천K	08:00, 09:00, 10:00, 14:00, 15:00	6시간
폰싸완	11만K	09:00	8시간
농키아우	5만 5천K	09:30	4시간
꽝시 폭포	4만K	11:30, 13:30	50분

② VIP·슬리핑 버스

목적지	버스	요금	출발시간	소요시간
비엔티안	VIP	15만K	08:00, 09:30	10시간
	슬리핑	17만K	20:00	10시간

③ 국제버스

목적지	요금	출발시간	소요시간
태국 치앙마이(Chiangmai)	31만K	18:00	20시간
베트남 하노이(Hanoi)	35만K	18:00	24시간
베트남 빈(Vinh)	20만K	18:00	16시간
중국 쿤밍(Kunming)	42만K	07:00	26시간

남부 터미널

비엔티안, 방비엥, 씨엥 쿠앙, 폰싸완 등 라오스로 향하는 버스가 운행된다.

목적지	버스	요금	출발시간	소요시간
비엔티안	로컬(완행)	11만K	07:00, 08:30, 11:00, 14:00, 17:00, 18:30	12시간
방비엥	VIP	10만 5천K	09:30	7시간
씨엥쿠앙	로컬	9만 5천K	08:30	8시간
폰싸완	로컬	9만 5천K	08:30	8시간

> **Tip · 루앙프라방 공항**
> 루앙프라방에는 베트남·태국·중국·캄보디아를 향하는 국제선(라오항공·방콕에
> 어·베트남항공·동방항공 등)과 비엔티안·팍세를 향하는 국내선(라오항공)이 같이 운
> 항되고 있다. 자세한 사항은 공항 홈페이지(www.luangprabangairport.com)나 각
> 항공사의 홈페이지를 참조하자.

4. 루앙프라방 마사지

루앙프라방 스파 & 마사지(Luang Prabang Spa & Massage)

라오 바디 마사지, 오일 마사지 등을 받을 수 있다. 씨싸
왕웡 거리에 위치하고 있으며, 내부 시설이 깨끗하고 서
비스가 우수하다.

◆ **영업시간:** 09:00~23:00 ◆ **가격:** 라오 바디 마사지 5만K, 오일 마사지 7만K

로투스 마사지(Lotus du Laos Herbal Massage)

라오 전통 마사지, 아로마 마사지, 발 마사지 등을 받을
수 있다. 씨싸왕웡 거리에 있으며, 깨끗한 내부 시설에
서 마사지를 받을 수 있다.

◆ **영업시간:** 09:00~24:00 ◆ **가격:** 라오 바디 마사지 5만K, 오일 마사지 7만K

5. 루앙프라방 골프장

루앙프라방 골프장

한국기업 (주)다움이 건설해 2011년에 오픈했으며, 18홀이 있어서 국제경기에도 손색이 없다. 페어웨이가 넓어 공격적인 스윙을 할 수 있으며, 특히 16~18홀에서는 메콩강을 바라보며 골프를 즐길 수 있다. 라오스 물가 수준으로는 조금 비싸지만 최고의 서비스를 자랑한다.

◆ **비용:** $100 이상 ◆ **홈페이지:** www.luangprabanggolfclub.com

6. 루앙프라방 숙소

고급호텔($100 이상)

▶빅토리아 씨엥통 팰리스 호텔(Victoria Xieng Thong Palace Hotel)

왓 씨엥통 옆에 위치한 4성급 고급 호텔로 26개의 객실을 보유하고 있다. 고대의 콘셉트로, 시내 중심가에 있어서 접근성이 좋다.

◆ **홈페이지:** victoriahotels.asia/en

▶3 나가스 호텔(3 Nagas Hotel)

시내에 위치한 4성급 호텔이다. 객실 15개가 아담한 크기지만 쾌적하고, 고급스러운 목조 바닥은 매우 깔끔하다.

▶빌라 산티 호텔(Villa Santi Hotel)

19세기 식민지 시절 프랑스 별장의 매력과 깔끔함을 가진 호텔로, 씨싸왕웡 왕의 아내가 거주했던 곳이다. 푸씨와 야시장에서 1km 내에 있다.

◆ **홈페이지:** villasantihotel.com ◆ **이메일:** info@villasantihotel.com

▶로터스 빌라(Lotus Villa)

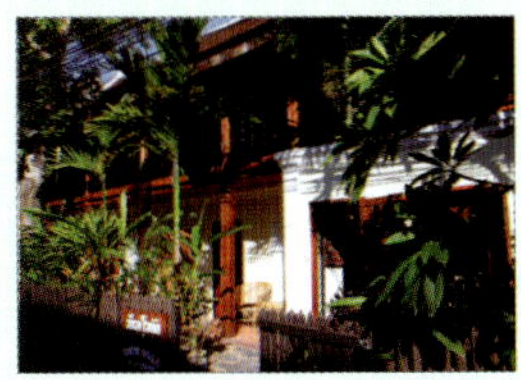

2008년 세워진 3성급 호텔로 아름답게 조성된 정원을 보는 것만으로도 힐링이 된다. 직원들이 친절하고 조식이 좋은 편이다.

◆**홈페이지:** www.lotusvillalaos.com

▶살라프라방 메콩 리버사이드 호텔(Sala Prabang Mekong Riverside Hotel)

옛 건물을 리모델링해 만든 3성급 호텔이다. 본점 이외에 4개의 지점이 있다. 나무로 깔끔하게 마무리한 2층 구조의 고급스러운 호텔로 메콩강변에 위치해 있다.

◆**홈페이지:** www.salalaoboutique.com

▶라마야나 호텔(Ramayana Hotel)

15개의 객실을 가지고 있는 3성급 호텔이다. 시내 중심가인 박물관 옆에 있어서 접근성이 용이하다.

◆**홈페이지:** www.ramayana-laos.com

▶에이션트 루앙프라방 호텔(Ancient Luang Prabang Hotel)

객실 바닥이 나무로 된 고급스러운 호텔이다. 루앙프라방의 야시장이 시작되는 위치에 있어서 접근성이 좋다. 조마 베이커리도 이 호텔의 근거리에 있다.

▶빌라 세이캄(Villa Saykham)

2성급 호텔로 국립왕궁박물관에서 300여m 떨어진 곳에 있다. 야시장과 푸 씨가 가깝다. 알찬 가격, 훌륭한 시설로 많은 여행자의 사랑을 받고 있다.

◆**이메일:** villasaykham@laopdr.com

▶마이 라오 홈 부티크 호텔(My Lao Home Boutique Hotel)

게스트하우스 밀집지역인 조마 베이커리 초입에 위치하며 방이 좁다는 것 이외에는 청결하고 깔끔한 것이 자랑이다.

◆ **홈페이지:** mylaohome.com ◆ **이메일:** mylaohome@gmail.com

▶빌라 참파(Villa Champa)

가격 대비 최고의 시설을 자랑한다. 9개의 적은 객실이지만 일부 객실에는 테라스, 발코니가 있다. 국립왕궁박물관과 푸 씨가 가깝다.

◆ **이메일:** villachampa@yahoo.com

▶골든 로투스 플레이스(Golden Lotus Place)

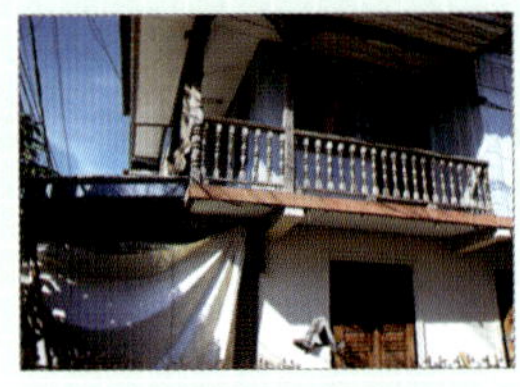

도보 5분 거리에 푸 씨, 메콩강, 국립왕궁박물관, 모닝마켓, 야시장이 위치해 있다. 이용 후기가 좋은 게스트하우스 중 하나다.

◆ **이메일:** goldenlotusplace@gmail.com

▶라오 루 롯지(Lao lu lodge)

숙소는 안락하며 직원들은 친절하다. 루앙프라방 중심부에 있으며 메콩강, 여행자 거리, 푸 씨, 모닝마켓이 근거리에 위치한다.

◆ **홈페이지:** laolulodge.com

▶시타 노라산 인(Sita Norasingh Inn)

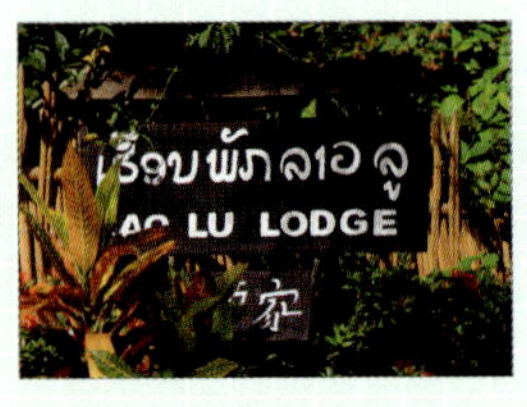

가격 대비 최고의 깔끔함을 자랑하는 곳이다. 물론 직원들도 친절하다. 야시장, 푸 씨와는 400여m 떨어진 거리에 위치해 있다.

◆ **홈페이지:** www.sitanorasingh.com

▶ 쏨짓 게스트하우스(Somjith Guesthouse)

조마 베이커리 본점 쪽에는 게스트하우스가 밀집해 있는데 그 중심에 쏨짓 게스트하우스가 있다. 깔끔한 분위기로, 인터넷이 빠르다. 2층은 새롭게 리모델링해 깨끗하다.

◆ **이메일:** SomJithgh@gmail.com

▶ 사야나 게스트하우스 & 캡슐 호스텔(Xayana Guesthouse & Capsule Hostel)

마이 라오 홈에서 운영하는 게스트하우스다. 깨끗한 시설과 저렴한 가격으로 도미토리를 원하는 배낭여행자들을 위한 곳이다.

◆ **위치:** 마이 라오 홈 호텔 바로 앞에 위치한다.

Tip1 성수기가 아니면 루앙프라방에 도착해서 숙소를 구할 수 있으며 흥정도 가능하다. 숙소는 홈페이지에서 검색 후 예약하거나, 현지 도착 후 정할 수 있다.

Tip2 루앙프라방의 조마 베이커리 근처는 숙소촌을 방불케 할 정도로 많은 게스트하우스가 밀집되어 있다. 도보로 이동해 방을 구경하면서 숙소를 정하는 것이 어렵지 않다. 예약 없이 루앙프라방에 도착했다면 툭툭·썽태우를 타고 조마 베이커리로 이동해서 숙소촌 주변을 탐색하면 된다.

왕가의 모습을 만날 수 있는 황금의 방,

국립왕궁박물관

Haw Kham

'황금의 방'을 뜻하는 하우 캄이라는 이름을 지닌 국립왕궁박물관은 궁전이자 박물관으로 십자형 구조를 띠고 있다. 라오스 전통 양식과 프랑스의 보자르 예술, 크메르의 구조를 혼합해 1904년 씨싸왕웡 왕가의 저택으로 건설했으며, 1975년 공산주의 혁명으로 라오스인민공화국이 들어서면서 마지막 왕정이 폐지되기 전까지 왕궁으로 사용되었다. 공산주의 혁명 후 1976년부터 박물관으로 변경되어 일반인에게 개방되었다.

국립왕궁박물관 앞에는 루앙프라방을 한눈에 바라볼 수 있는 신성한 산인 푸 씨가 있다. 또한 박물관의 오른쪽 별관에는 라오스인들의 정신적 기둥인 파방(황금불상)이 모셔져 있는 호 파방, 왼쪽에는 씨싸왕웡 왕의 동상과 라오스 전통 공연이 펼쳐지는 왕립 극장이 있다. 그리고 뒤쪽에는 왕가에서 사용했던 자동차들을 전시해놓은 자동차 박물관이 있다. 국립왕궁박물관 입장시 카메라·가방·모자 등은 입구 왼쪽에 마련된 짐 보관소에 맡겨야 하며, 계단부터는 신발을 벗고 입장한다. 특히 내부에서의 사진 촬영은 엄격히 금지되니 주의하자.

이용 안내

◆ **위치:** 씨싸왕웡 거리 중간 ◆ **운영시간:** 08:00~11:30, 13:30~16:00 ◆ **입장료:** 3만K

Tip **박물관에서 보는 라오스 왕가의 모습**

국립왕궁박물관은 과거 라오스 왕가의 모습이 어떠했는지 살펴볼 수 있다. 왕가에서 사용하던 접견실, 응접실, 왕의 집무실, 침실, 서고, 식당 등이 있기 때문이다. 또한 왕가에서 쓰던 유류품뿐만 아니라 중국·베트남·태국 등의 외국 사신에게서 받은 귀중품도 볼 수 있다.

동영상 **궁전이자 박물관 '국립왕궁박물관'**

느낌 한마디

박물관을 처음 찾았을 때는 점심시간이라 문이 굳게 잠겨 있었다. 그래서 다음 날 아침에 재차 방문했다. 입구에는 박물관을 찾은 사람들의 차들로 빼곡했다. 정문 오른쪽의 호 파방부터 방문했다. 파란 하늘을 머금은 호 파방의 외관이 금빛으로 빛났다. 정갈한 호 파방의 모습에 빠져본다. 박물관으로 향하는 길목에는 하늘을 찌를 듯한 나무들이 호위부대를 이루고 있었다.

국립왕궁박물관을 들어가기 전에 보관소에 짐을 맡기고 입장했다. 삐거덕거리는 나무 바닥이 왠지 정겹다. 내부 벽면에 새겨진 화려한 유리 모자이크, 곳곳에서 빛나는 장신구, 칸칸이 정돈된 모습이, 강력했던 루앙프라방 왕국의 모습을 연상하게 한다. 현지 가이드를 동반한 여행자들은 루앙프라방의 역사를 담기에 여념이 없었다. 한 번으로는 아쉬워 3번을 구경하고 나니 박물관 내부가 머릿속에 훤히 들어왔다.

자동차 박물관으로 자리를 옮기니 당시 사용했던 화려한 차들이 전시되어 있었다. 입구로 방향을 잡으니 씨싸왕웡 왕 동상이 둔탁하게 세워져 있었다. 그러자 갑자기 궁금해졌다. 왕국을 통일했던 그는 지금의 라오스를 이끌고 있는 것일까?

국립왕궁박물관

어떻게 가야 할까?

① 조마 베이커리 정면을 보고 오른쪽으로 직진하면
사거리 앞 관광 안내소가 나온다.

② 인디고 카페(Indigo Cafe)를 지나간다.

③ 왓 마이(Wat May)를 지난다.

④ 국립왕궁박물관이 보인다.

국립왕궁박물관 입장 후 화살표 방향에 따라 내부 즐기기

출입문 천장의 지붕 아래 장식과 계단: 라오스의 옛 국가 이름인 란쌍은 '100만 코끼리'라는 뜻인데, 코끼리는 강력한 군사력을 의미한다. 그래서 라오스 왕족의 상징으로 코끼리 3마리가 장식으로 부조되어 있다. 특히 계단은 이탈리아에서 공수해온 대리석으로 만들었다.

중앙 의자: 1965년 티탁(Tittakh)에 의해 만들어진 것으로 종교의식 때 고승들이 앉는 의자다. 양쪽의 긴 방석 의자는 종교적 세리머니를 하거나 공식 리셉션 행사시 앉는 의자다.

오른쪽 국왕 접견실: 정면에는 운캄(Ounkham) 왕, 캄숙(Khamsouk) 왕, 씨싸왕웡 왕 등 세 왕들의 흉상이 있다. 벽면에는 1930년 프랑스인 화가 알릭스 파우테레(Alix Fautereau)가 그린 루앙프라방 시장, 왓 마이, 왓 씨엥통 등을 비롯한 라오스 전통양식이 담긴 그림이 있다. 독특하게 그림의 색깔이 시간에 따라 변한다.

국왕 집무실(Throne Room): 중앙에는 1967년까지 씨싸왕 왓타나 (Sisavang Vatthana) 왕이 사용했던 황금 의자가 있다. 내부에는 종교 행사를 위한 물병, 술잔, 항아리, 대관식 당시 사용했던 신발, 행사 당시에 왕이 사용한 모자, 보디가드들이 사용한 칼, 금으로 만든 왕의 칼 등이 장식되어 있다. 4개의 벽면에는 축제, 생활상, 라오스 왕조의 역사, 다양한 경전이 유리 모자이크 타일 장식에 기록되어 있다.

집무실을 지나 왼쪽 복도: 1960년 중국이 선물한 병풍이 세워져 있다.

서고: 인도에서 선물한 캐비닛이 있다. 그리고 중국, 호치민, 비엔티안에서 선물한 불교 경전과 책들을 전시해놓았다.

왕비 침실: 씨싸왕 왓타나(Sisavang Vatthana) 왕, 캄포이(Khamphouy) 왕비의 초상화와 가족사진, 그리고 1975년 유배 당시의 침구가 있다.

국왕 침실: 씨싸왕웡 왕, 씨싸왕 왓타나 왕의 초상화와 침구가 있다.

아이들 방(Chidren Bedroom): 라마야나(Ramayana) 공연시 사용한 전통 악기들이 전시되어 있다.

다이닝 룸: 아침과 저녁을 위한 룸으로 프랑스가 선물한 물건들이 있다.

복도: 1963년 베트남이 선물한 병풍이 세워져 있다.

왕비 접견실: 1967년 러시아의 화가 일랴 글라즈노브가 그린 씨싸왕 왓타나 왕, 캄푸이 왕비, 웡싸왕 왕세자의 초상화가 걸려 있다. 초상화의 시선은 어느 방향에서 보든 관람객과 눈을 마주하게 되는 착시 현상이 일어난다.

국왕 비서 접견실: 미얀마, 캄보디아, 폴란드, 헝가리, 덴마크, 중국, 일본, 베트남, 미국, 캐나다, 오스트레일리아 등에서 보내준 선물이 사회주의 국가, 자본주의 국가로 나뉘어져 진열되어 있다. 또한 도자기, 은 제품 등이 전시되어 있다.

국립왕궁박물관
어떻게 즐겨볼까?

호 파방(Ho Pha Bang)

1963년 씨싸왕 왓타나 왕의 재위 시절 왕실 사원으로 건설된 곳이다. 공산주의 혁명으로 공사가 중단되었다가 1993년 증축공사가 진행되어 완공했다. 황금불상은 국가의 수호신이라서 파방을 소유하고 있는 왕조가 국왕의 정통성을 인정받을 수 있다. 1563년 수도가 루앙프라방에서 비엔티안으로 천도하면서 파방도 함께 옮겨졌지만 시암의 침략으로 약탈되었다. 1867년에 반환되어 왓 위쑨나랏, 왓 마이를 거쳐 1947년 현재의 호 파방에 되돌아왔다.

파방은 높이 83cm, 무게 50kg으로, 90%의 황금·은·청동 합금으로 만들어졌다. 두 팔을 가슴에 붙이고 두 손바닥을 앞으로 내민 형태다. 호 파방 입구의 양쪽에는 머리가 7개 달린 나가가 지키고 서 있고 계단을 오르면 파방을 볼 수 있다. 내부는 사진 촬영이 금지다.

> **Tip**
> 파방은 실론(현 스리랑카)에서 기원전 1세기에 만들어져 11세기에 크메르 제국(현 캄보디아)에 건네졌다. 1356년 파응움(Fa Ngum) 왕 때 란쌍 왕국이 불교를 받아들인 것을 기념해 크메르 제국에서 선물로 주었다. 파방이 라오스로 건네지면서 프라방에 경의를 표하고자 무앙스, 씨엥통으로 불리던 루앙프라방이 1560년에 도시 이름을 '아주 큰 황금불상'이라는 뜻의 루앙프라방으로 바꾸었다. 이후 파방은 왕국의 통합과 건설에 구심점 역할을 하며 수호의 여신상이 되었다.

> **Tip 파방의 전설**
> 어떤 고승이 있었다. 그는 불교를 널리 전파하기 위해서는 황금불상에 신성한 기운을 불어넣어야 한다고 생각했다. 고승은 왕, 신, 백성이 지켜보는 가운데 5개의 수정에 신성한 기운을 불어넣기 시작했다. 사원이 밝은 빛으로 변하면서 수정이 날아올라 불상의 이마, 턱, 가슴, 양손에 박혔다. 이후 불상은 신성한 대상이 되었다. 불교가 전파되기 전까지 라오스는 토속신앙의 애니미즘이 정착되어 있었다. 하지만 파방을 구심점으로 불교가 정착되어 고승의 바람이 이루어지게 되었다.

자동차 박물관

왕궁의 손님맞이용으로 쓰던 자동차, 황실에서 사용했던 자동차. 1972년 일본 도요타에서 선물한 자동차, 1956년 캐나다에서 제작된 씨 홀스(sea horse)가 전시되어 있다. 벽면에는 왕실 자동차를 운전했던 기사의 초상화가 있다. 출구 쪽에는 신년행사시 호 파방을 모신 지게차를 전시해놓았다. 내부는 사진 촬영 금지다.

왕립 극장

라오스 전통 무용인 라마야나를 주제로 연극 공연이 진행된다. 성수기에는 일주일 중 4회(월·수·금·토) 오후 6시 30분에 공연이 진행된다. 요금은 좌석에 따라 다르고, 10만K부터다.

씨싸왕웡 왕 동상

왕자인 씨싸왕 왓타나 왕이 라오스 정부에게서 정식 재위를 받지 못해서 공식적으로는 씨싸왕웡 왕이 라오스 왕국의 마지막 왕이다. 아시아에서 가장 긴 재위 기간을 기록한 왕으로 호아판(Houaphan), 호아깡(Houakhong), 씨엥 쿠앙(Xieng Khouang), 비엔티안, 참파삭(Champassak)을 통합했다.

씨싸왕웡 거리

Thanon Sisavangvong

루앙프라방의 중심가로서 일명 여행자 거리로 불린다. 조마 베이커리에서 왓 씨엥통까지의 약 2km 거리를 말한다. 루앙프라방에 머무는 동안 몇 번이고 지날 수밖에 없는 거리다. 거리의 건물들은 프랑스풍과 라오스 전통양식이 결합된 아담한 2층 구조라서 고층 빌딩에 익숙한 우리의 눈을 정화시킨다. 거리에는 유럽풍의 카페, 레스토랑, 불교 사원, 투어 상품이나 슬리핑 버스를 예약할 수 있는 여행사, 환전소, 마사지 숍, 호텔 등이 즐비하다.

거리 입구에는 신선한 생과일주스와 샌드위치를 파는 노점을 시작으로 왓 마이(Wat Mai), 국립왕궁박물관, 왓 빠파이, 왓 쎈, 왓 씨엥통뿐만 아니라 메콩강을 바라볼 수 있는 전망대까지 볼거리와 먹을거리로 가득하다.

◆**주소:** Thanon Sisavangvong, Luang Prabang

Tip 오후 5시가 되면 조용한 씨싸왕웡 거리에 천막이 하나둘씩 설치되기 시작한다. 수공예품, 의류 등을 판매하는 몽족 사람들의 야시장이 열리는 것이다. 낮에는 여행자들을 위한 거리로, 저녁에는 그 여행자들을 위한 쇼핑 거리의 야시장으로 변한다. 낮부터 저녁까지 천천히 걷고 먹으며 호흡하는 힐링 거리라고 할 수 있다.

동영상 여행자 거리
'씨싸왕웡 거리'

📝 느낌 한마디

아담하게 자리한 목조 건물들이 운치를 더해주어 평화로운 도시 같았다. 길게 드리워진 가로수 잎이 더위에 지친 이들에게 쉼터를 자처했다. 커피 한 잔과 독서로 시간을 보내는 여행자는 바라보는 이의 가슴마저 여유롭게 했다. 툭툭 기사는 그물 침대에 몸을 누인 채 무의식적으로 '툭툭'을 외쳐댔다. 사원 나무 아래서는 동자승도 오침으로 시간을 보내기도 했다. 그러다 동자승이 발자국 소리에 놀랐는지 급하게 일어났다. 평화로운 시간을 방해한 것 같아 후다닥 발길을 접었다. 걷다 보니 사람들이 도로 위에 길게 드리워진 망고 줄기에서 망고를 따느라 손이 분주하게 움직이고 있었다. 어릴 적 시골에서 감 따던 모습을 라오스에서 보는 것 같았다. 거리 끝자락에 도착하니 메콩강이 한눈에 들어왔다. 길게 드리워진 나무 다리가 한 폭의 동양화를 보는 듯 아름다웠다.

씨싸왕웡 거리

어떻게 즐겨볼까?

조마 베이커리 본점

여행자 거리에서 가장 편하게 휴식을 취할 수 있는 곳이며, 조식·샌드위치·샐러드·생과일주스 등을 원하는 대로 즐길 수 있다. 루앙프라방이 본점이다.

생과일주스와 샌드위치 노점

라오스 열대 과일인 망고, 파파야를 비롯해 파인애플, 바나나 등으로 만든 100% 생과일주스를 즐길 수 있다. 또한 샌드위치도 식사 대용으로도 충분할 만큼 양이 많다.

영업시간: 07:00~21:00 **가격:** 샌드위치 2만 9천K, 밀크쉐이크 3만K **주소:** Thanon Chao Fa Ngum, Luang Prabang

> **Tip 조마 베이커리의 이모저모**
>
> 1996년에 문을 열었던 카페가 2004년에 새로운 간판으로 변경하면서 상류층을 타깃으로 서비스를 제공하기 시작했다. 라오스 특제 커피, 깔끔한 음식이 장점이다. 또한 수익금 2%를 라오스, 베트남 복지활동에 기부하기도 한다. 동남아시아 시장 진입을 목표로 두고 있는데 현재 라오스·베트남·캄보디아로 진출했다.

모닝마켓

탁발 행렬이 끝나고 나면 많은 여행자들이 찾는 코스 중 하나다. 왓 마이에서 도보로 5분도 걸리지 않는 곳에 있다. 쌀을 비롯한 농산물, 메콩강변에서 잡은 민물고기, 열대 과일, 생활필수품, 건어물 등을 구할 수 있다.

왓 마이(Wat Mai)

'새로운 사원'이라는 뜻을 가진 이 사원의 정식 명칭은 왓 마이 쑤완나 푸마함(Wat Mai Suwanna Phumaham)이다. 1894~1974년까지 파방을 모셨던 사원이자 한때 라오스 최고승인 프라 쌍카라즈가 거주했던 곳이다. 본당 입구의 회랑에는 부처의 화신이라는 베산타라 왕자의 일생이 금색 부조로 표현되어 있다.

4겹의 지붕과 회랑까지 5단을 이룬 루앙프라방 건축 양식이 대표적인 특징이다. 라오스의 분 삐마이 기간에는 호 파방의 파방이 왓 마이에서 세신을 하며 이곳에서 머무는 3일 동안 라오스에서는 물 축제를 한다.

운영시간: 08:00~17:30 **입장료**: 1만K

루앙프라방 베이커리 카페

1996년부터 시작된 카페로 게스트하우스까지 운영하고 있다. 아침식사·빵·생과일주스 위주로 판매하고 있다. 라오스 3대 베이커리 중 하나이며 프랜차이즈로 운영하고 있다.

영업시간: 07:00~22:00 **주소:** Sakkaline Rd, Luang Prabang

조마 베이커리 칸강변

조마 베이커리에서 운영하는 체인점으로 강변에 위치해 분위기가 좋다. 본점에 비해 사람이 적고 테라스에서는 강변으로 펼쳐지는 자연을 즐길 수 있다.

왓 빠파이(Wat Pa Phai)

'대나무 숲 사원'이라는 뜻을 지닌 조그마한 사원이다. 내부에는 커다른 불상이 모셔져 있고 기둥 주위에는 신자들의 생활상이 풍경화처럼 그려져 있다. 왓 빠파이 주변의 외벽에는 법륜을 수행한다는 의미의 수레바퀴 문양이 장식되어 있다.

운영시간: 08:00~11:30, 13:30~16:00 **입장료:** 무료

1865년 찬타랏(Chantatrth) 왕 때 만들어진 사원으로, 건축 당시 울리던 종소리가 아름다워 '아름다운 소리 사원'이라고 불리기도 했다. 유네스코가 지원하는 예술학교를 운영중이며 어린 승려들을 대상으로 건축·회화·조각 등을 가르친다.

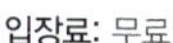
입장료: 무료

'10만의 보물 사원'이라는 뜻으로 1718년에 건축할 당시 메콩강에서 가져온 10만 개의 돌로 만들어진 사원이다. 이후 파괴된 사원이 1957년 부처 탄생 2500년을 기념해 복원되었다. 문에는 신성한 동물이 화려하게 그려져 있다. 노란색과 빨간색 타일로 만든 태국 양식의 첫 번째 수도원으로, 보트 경주 축제에 사용하는 보트 2개를 보유하고 있다. 거대한 불상과 부처님의 발바닥 동상을 모셔놓기도 했는데, 탁발이 이 사원에서 시작한다.

운영시간: 08:00~17:00 **입장료:** 무료

씨싸왕웡 거리의 근교 사원

왓 탓루앙(Wat That Luang)

루앙프라방 시내의 남쪽에 있는 사원으로 '신성한 탑의 사원'이라는 뜻이다. 란쌍 왕조 시절인 1818년 만타뚜랏(Manthaturat) 왕 때 만들어졌다. 대법전에는 660kg이 넘는 황동불상을, 사원 안 황금탑에는 씨싸왕웡 왕의 유해를 안치해 놓았다. 1975년까지 왕족들의 화장을 위한 장례의식을 주관했다.

운영시간: 08:00~17:00 **입장료:** 1만K **위치:** 조마 베이커리에서 자전거로 10분 거리 **가는 방법:** 조마 베이커리를 정면으로 보고 왼쪽으로 직진한 후 남푸 분수를 지나 왼쪽

왓 아함(Wat Aham)

'열린 마음의 사원'이라는 뜻의 사원으로 라오스 최고 승려가 거주했던 곳이다. 1818년에 루앙프라방을 지키는 혼령을 모신 사당 자리에 건설되었다. 사원 안에는 루앙프라방 양식으로 지은 본당과 2개의 탑이 있으며, 본당으로 오르는 입구 계단에는 인도 신화 라마야나에 등장하는 하누만(Hanuman)과 라바나(Ravana)의 신상이 있다. 사원의 공터에는 루앙프라방을 수호하는 정령이 깃든 보리수가 있고, 사원 바로 옆에는 학교가 있다.

운영시간: 08:00~17:00 **입장료:** 1만K **위치:** 탈랏 시장에서 자전거로 5분, 유토피아에서 도보 5분 **가는 방법:** 유토피아 골목 입구의 맞은편

왓 위쑨(Wat Visoun)

위쑨나랏 왕 재위 시절에 루앙프라방의 상징인 파방을 모시기 위해 1513년 만들어졌다. 흑기군과의 전쟁중 화재로 완전히 소실되었으나 1898년 재건되어 현존하고 있다. 루앙프라방에서 현존하는 가장 오래된 사원이다. 원래 사원은 목조로 지어졌지만, 벽돌과 치장벽토로 복원되었다. 사원 내부에는 비를 부르는 거대한 불상과 수많은 작은 불상이 자리하고 있다. 특히 테라스까지 덮고 길게 내려진 처마가 인상적이다. 본당의 맞은편에는 1514년 위쑨나랏 왕의 부인이 만든 연꽃무늬 불탑이라는 뜻의 '탓 파툼(That Pathum)'이 있다. 연꽃 봉오리 모양의 반구형 탑으로 수박 모양처럼 생겨서 탓 막모(That Mak Mo, 수박 불탑)라고도 불린다. 탓 파툼 안에는 부처의 진신사리 일부가 들어 있다고 한다.

운영시간: 08:00~17:00 **입장료:** 2만K **위치:** 왓 아함에서 자전거로 5분 거리 **가는 방법:** 왓 아함 정문에서 왼쪽으로 이동

루앙프라방에서 가장 아름답게 빛나는 사원,

왓 씨엥통

Wat Xieng Thong

'황금도시 사원'을 의미하는 왓 씨엥통은 1559년 세타티랏 왕에 의해 메콩강과 칸 강이 만나는 지점에 건설된 사원이다. 본당을 위시해 크고 작은 불당, 황금색과 검 은색으로 칠해진 화려한 벽화의 내벽, 인도의 고대 대서사시인 라마야나를 라오스 식으로 섬세하게 모자이크한 황금빛 외벽, 500여 장이 넘는 대장경 판고, 불탑 등 20개 이상의 구조물로 이루어져 있다. 또한 금박을 입힌 나무 문에는 부처님의 생 활상을 그려놓았다.

왓 씨엥통은 목재를 사용해 허례의식을 소박하고 단순하게 축소화했다. 루앙프라 방의 관문이자 외교 역할을 했던 곳이라서 과거에는 메콩강까지 이어진 계단을 외 국사절단이 이용했다.

◆ **운영시간:** 08:00~17:00　◆ **입장료:** 2만K　◆ **주소:** Khem Khong, Luang Prabang

Tip 1975년까지 왓 씨엥통에서는 왕실의 후원 아래 국왕의 대관식이 거행되었다. 흑기군 침공시 흑기군 본부로 사용된 이력 덕분인지 다른 사원에 비해 피해가 없었고, 그나마 손상된 부분은 몇 차례의 복원으로 원형에 가깝게 복원되었다. 지붕은 3겹으로 기울어지게 쌓았으며 바닥에 떨어지는 형태인 라오스 전통 건축양식이다.

동영상 황금도시의 사원 '왓 씨엥통'

느낌 한마디

찜통 더위에 씨엥통까지 걷는 일은 만만치 않았다. 하지만 덕분에 하루를 천천히 곱씹을 수 있었다. 파란 하늘을 머금은 장례마차 법당에 눈이 부셨다. 사진으로 담기에 부족할 정도로 아름다웠다. 내부에는 화려하게 장식한 모자이크가 빛이 났고, 왕의 시신을 옮겼다는 마차가 지나간 세월을 말해주듯 낯설게 버티고 있었다.

대법전으로 자리를 옮겨보았다. 늘어진 엿가락처럼 만들어진 지붕 모양이 특이했다. 내부 벽면에는 불교의 생활상이 아름답게 장식되어 있었다. 화려하기보다는 숙연해질 정도로 단출했다. 구경하는 여행자들의 마음마저 엄숙하게 만들었다. 우리가 서 있는 곳으로 가이드를 동반한 관광객 한 무리가 다가오더니 이내 사진만 찍고 다시 출발했다. 하지만 왓 씨엥통은 그냥 와서 사진만 찍고 가는 그런 곳이 아니라 천천히 음미해야 하는 장소였다. 안타까운 마음을 안고 계단을 내려오니 진흙탕의 메콩강이 씁쓸해진 내 마음을 달래주었다.

왓 씨엥통

어떻게 가야 할까?

① 조마 베이커리의 정면을 보고 오른쪽으로 왓 씨엥통까지 약 2km 직진한다.

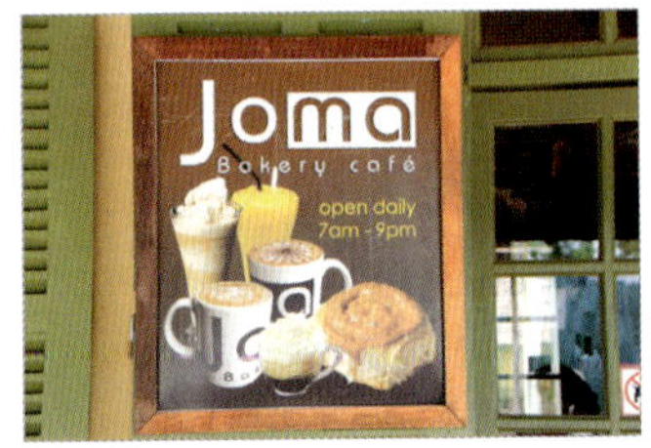

② 국립왕궁박물관과 코코넛 가든을 차례로 지난다.

③ 루앙프라방 초등학교(Ecole Primarie Louang Prabang)와 3 나가스(3 Nagas)를 지난다.

④ 왓 쎈을 지나서 왓 씨엥통 입구 쪽으로 좌회전해서 들어간다.

왓 씨엥통

어떻게 즐겨볼까?

장례마차 법당(Hong Kep Mien)

대법전에서 45도 방향으로 오른쪽에 있는 황금색 법당이다. 씨싸왕웡 왕의 시신을 옮기기 위한 마차를 보관하기 위해 세운 건물로 현재도 마차를 보관하고 있다. 높이 12m의 운구용 마차는 조각가 팃탄이 만들었으며 뱀 신인 나가 7마리가 장식되어 있다.

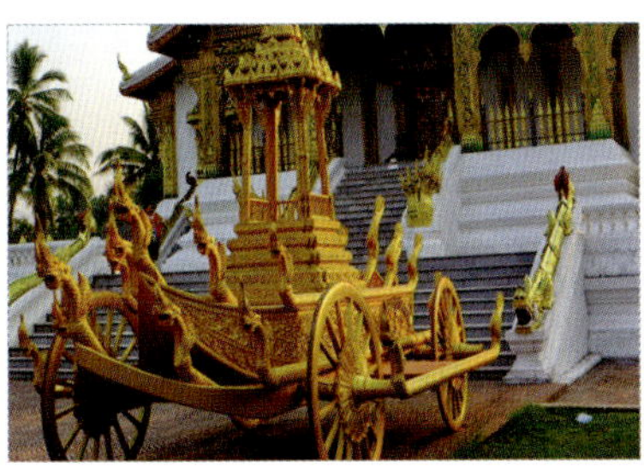

대법전(Sim)

지붕은 화려한 장식과 함께 세 겹으로 기울여져 쌓았고 바닥에 떨어지는 라오스 전통 건축양식이다. 지붕 끝에는 비를 기원하는 의미로 용 모양의 장식이 있다. 벽에는 불교의 설화와 생활상이 색유리로 모자이크되어 있다.

생명의 나무(Tree of Life)

대법전 건물 뒤편 벽면의 '생명의 나무' 벽화는 붉은 바탕의 벽면에 유리를 이용해 만든 모자이크 장식이다. 힌두교와 불교를 숭배하는 국가에서는 생명의 나무를 우주의 중심으로 표현하기도 한다. 라오스인들은 지하 세계인 뿌리, 하늘인 나뭇가지를 생명의 나무가 연결해준다고 믿는다.

붉은 예배당(Ho Tai Pha Sai Nyaat)

대법전 입구 왼편 뒤쪽에는 붉은색을 띠는 법당이 있다. 법당 내부에는 16세기 때 만든 청동 와불상이 안치되어 있다. 정면을 제외한 3면의 외벽에는 화려한 유리 모자이크가 있다. 모자이크는 붓다 탄생 2500주년을 기념하기 위한 것으로 상단(천상 세계)·중간(수행 중인 붓다)·하단(인간 세계)을 표현했다.

Tip 대법전의 코끼리 머리 조각상

대법전 입구의 오른쪽 바깥 벽면에는 힌두교 지혜의 신인 '가네쉬(Ganesh)'의 코끼리 머리 조각상이 은색 유리로 만들어져 있다. 신년 축제인 분 삐마이 라오 때 코끼리 입에서 나오는 물을 받으면 한 해 동안 풍요롭고 건강한 삶이 이루어진다고 한다.

푸 씨

Phou Si

루앙프라방에는 높은 산이 없어 '신성한 산'이라는 뜻을 가진 푸 씨가 루앙프라방의 심장으로 불린다. 100여m의 높이로 328계단을 오르면 정상에 도달할 수 있다. 루앙프라방의 씨싸왕웡 거리, 메콩강, 칸강을 조망할 수 있는 최고의 스팟이다. 루앙프라방의 어디든지 볼 수 있는 푸 씨는 힌두교에서 우주의 중심을 상징하는 메루 산을 연상하게 한다. 산 정상으로 오르는 계단에는 부처의 생활상을 상징화한 부처상이 자리하고 있다. 한 계단씩 고행하듯이 올라가다 보면 어느새 활짝 펼쳐진 루앙프라방의 모습에 감탄을 자아낼 수밖에 없다.

정상에는 1804년 건축된 25m 높이의 황금색 탑인 탓 촘씨(That Chomsi)가 있다. 탓 촘씨에 꽃을 올려놓고 기도를 하면 행운과 복을 가져다준다는 속설이 있다. 푸 씨를 찾는다면 작은 꽃 한 송이로 큰 행운도 빌어보자. 특히 푸 씨는 해가 지는 저녁 일몰 때 가장 몽환적인 분위기를 연출한다. 그래서 저녁 6시 이후에는 일몰을 보기 위한 관광객들로 인산인해를 이룬다. 다만 일몰 후 내려올 때는 계단 아래가 보이지 않을 정도로 어둡기 때문에 랜턴을 준비하는 것이 좋다.

이용 안내

◆ **입장료:** 2만K ◆ **주소:** Luang Prabang ◆ **가는 방법:** 왕궁 박물관 정면 뒤 계단

라오스를 여행하다 보면 방생하듯 갇힌 새를 날려 보내는 것을 볼 수 있다. 갇힌 새를 풀어주거나 꽃을 바치고 기도하면 행운과 행복을 얻을 수 있다는 속설이 있다. 푸 씨 정상에 오르면 노점에서 새장에 갇힌 새와 꽃을 판다.

동영상

루앙프라방 전망대 '푸 씨'

📝 느낌 한마디

계단을 오르니 꽃을 팔고 있었다. 꽃을 건네는 애절한 마음을 뿌리칠 수 없었다. 발 아래 펼쳐지는 루앙프라방은 고층빌딩만 줄 지어 있는 우리나라의 모습과는 완전히 다른 풍경이었다. 숲 속에도 아담한 단층집들이 알알이 박혀 있었다. 보는 것만으로도 시원하고 눈이 즐거웠다. 반대편으로는 라오스의 젖줄임을 알리듯 메콩강이 웅장하게 펼쳐졌다. 정상에 오른 동자승도 눈으로 루앙프라방의 모습을 담기에 여념이 없었다. 이윽고 조그만 사원으로 이동하니 사람들이 정성스럽게 꽃들을 바치며 기도를 올리고 있다. 나도 그들의 틈에 끼여 라오스 여행의 안전을 기원했다. 내려오는 반대편 모습은 또 다른 느낌과 멋이 있었다. 곳곳에 자리한 부처상들이 눈을 즐겁게 해 주었다. 그러다 언뜻 바라본 나무에 새장 하나가 걸려 있었다. 날아간 새는 누구의 행운을 가지고 왔을까? 문득 궁금해졌다.

푸 씨

어떻게 가야 할까?

① 조마 베이커리 정면을 보고 오른쪽으로 직진해서 사거리 앞 관광 안내소를 지난다.

② 인디고 카페와 왓 마이를 차례로 지난다.

③ 국립왕궁박물관의 오른쪽 건너편에 푸 씨로 올라가는 계단이 있다.

Tip 푸 씨에 있는 2개의 계단

푸 씨를 갈 때 국립왕궁박물관의 오른쪽 계단을 이용해서 올라가고, 내려올 때 반대편 길을 이용하면 계단 주변의 불상을 볼 수 있다. 정상에서 사원 앞쪽의 종이 걸려 있는 곳으로 내려오면 라오라오 가든이 있는 칸강변 쪽이다.

어떻게 즐겨볼까?

정상의 탓 촘씨는 1804년에 건축된 것으로 높이가 25m다.

328계단에는 부처님의 일상을 형상화한 부처가 계단 주변에 자리하고 있다.

정상에서 바라본 루앙프라방의 모습이다. 메인도로인 여행자 거리, 메콩강, 칸강의 모습이 펼쳐진다.

탓 촘씨 옆에 있는 사원에서는 사람들이 꽃을 놓고 행운을 기원하기도 한다.

몽족 야시장

Night Market

중국 남방 지역의 소수민족이자 묘족인 몽족들이 모여 물건을 판매하기 시작해서 지어진 이름이 몽족 야시장이다. 그러나 현재는 몽족 이외에도 다양한 소수민족들로 구성되어 있다. 야시장은 씨싸왕웡 거리인 빠이사닉 사거리와 국립왕궁박물관 사이에서 열리며, 이때 차량은 전면 통제된다.

야시장에는 다소 품질은 떨어지지만 소수민족들이 직접 손으로 만든 천 가방이나 신발을 비롯한 수공예품, 생활용품, 장신구, 옷, 그림 등을 판매한다. 라오스 특산품인 흑생강, 라오스 커피, 편백나무 등은 지인들에게 선물하기 좋다. 야시장이 여행자들의 필수 코스가 된 이후 상인들은 비싼 값을 요구하기 시작했으니 적당한 에누리가 필요하다.

이용 안내

◆ **영업시간:** 17:00~22:00 ◆ **위치:** 왓 마이에서 루앙프라방 베이커리 사이

몽족 야시장에는 1만 5천K
뷔페, 쌀국수, 코코넛 빵, 핫도그,
생과일주스 등이 다양하게 준비되
어 있다. 몇 시간 만에 축제의 거리
로 탈바꿈하는 몽족 야시장을 찾아
선물도 준비하고 먹을거리도 즐기자.

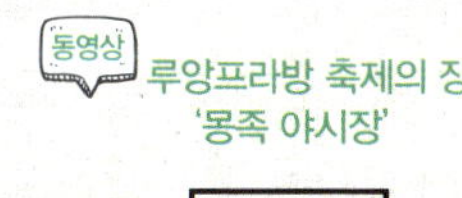

📋 느낌 한마디

여행자 거리에 차량이 통제되고 천막이 하나둘씩 펼쳐지기 시작했다. 푸 씨 계단에서 야시장을
내려다보니 장관이었다. 다양한 수공예품이 진열되어 있었다. 손수 그린 듯한 그림은 입이 벌어
질 정도로 정갈했다. 지인들을 위한 선물로 오렌지 차와 라오스 커피를 구매했다. 적당히 에누리
도 불러보았다. 다행히 상인이 흔쾌히 고개를 끄덕여 기분 좋게 몇 개를 더 구입했다.

야시장 끝에서는 생과일주스를 팔고 있었다. 아이의 호객 행위에 이끌려 망고주스 한 잔을 주문
했다. 주스가 전해주는 시원함에 더위로 달구어진 몸과 마음을 식혀보았다. 노점에서는 쌀국수로
허기를 채우는 사람들이 가득했다. 나도 그곳에서 배부른 저녁을 먹으며 하루를 마무리했다.

몽족 야시장

어떻게 즐겨볼까?

손으로 만든 천 가방, 천으로 만든 부채, 코끼리 슬리퍼, 신발을 비롯한 수공예품과 직접 그린 그림 등 다양한 제품들을 진열해놓았다.

샐러드·면·고기·밥·과일까지 한 접시에 마음대로 담을 수 있는 1만 5천K 뷔페다. 저렴한 가격에 마음껏 먹을 수 있다는 장점이 있다. 단 리필은 할 수 없다.

시장에서의 풍부한 먹을거리는 여행자들의 발길을 사로잡는다. 야시장을 한 바퀴 돌며 코코넛 빵, 카우빵, 쌀국수, 핫도그 등 다양한 맛을 즐겨보자.

루앙프라방을 방문한 여행자들의 필수 코스,

씨엥통 누들 수프

Xieng Thong Noodle Soup

한국인 여행자들이 라오스를 많이 찾으면서, 카오삐약을 파는 식당에서 '칼국수'라고 적혀 있는 한국어를 종종 볼 수 있다. 글자 그대로 카오삐약은 한국식 칼국수라고 생각하면 된다. 퍼가 소뼈를 삶은 육수라면, 카오삐약은 닭의 뼈를 삶아 육수를 만들어서 좀더 깔끔한 맛을 낸다. 국물은 진하고 면발은 쫄깃하며, 일부 카오삐약 전문점은 육수에 선지를 넣는다.

씨엥통 누들 수프에는 한국어 메뉴판이 있어 주문도 편리하며 음식 맛도 전혀 낯설지 않다. 영업시간이 아침 7시부터 오후 2시까지로 되어 있지만 재료가 떨어지면 문을 닫는다. 그러니 식사를 원한다면 아침에 일찍 방문하도록 하자. 루앙프라방의 첫 식사는 카오삐약의 진수를 느낄 수 있는 씨엥통 누들 수프에서 즐겨보자.

이용 안내

◆**영업시간:** 07:00~14:00 ◆**가격:** 카오삐약 무(돼지고기) 1만K, 카오삐약 카이(계란) 1만 2천K, 카오삐약 무카이 1만 2천K, 카오콥(누룽지) 1천K ◆**위치:** 왓 씨엥통 바로 옆

Tip 카오삐약을 먹은 후 남은 육수에 카오콥을 넣어먹으면 라면 국물에 찬밥을 말아먹는 듯한 맛을 느낄 수 있다. 얼큰한 맛을 원한다면 테이블에 있는 칠리소스를 뿌려보자. 좀더 깔끔한 맛을 즐길 수 있다.

동영상 카오삐약 맛집 '씨엥통 누들 수프'

느낌 한마디

마땅히 달려 있는 간판이 없어 씨엥통 누들 수프를 찾느라 2바퀴는 족히 돌았다. 파라솔 밑에 한글로 적힌 글자마저 없었다면 그냥 지나칠 뻔했다. 집 마당에 테이블이 준비되어 있었다. 한글 메뉴판 덕분에 주문이 편했다. 돼지고기와 계란이 들어간 무카이를 주문했다. 국물은 맑고 진했다. 우동처럼 굵은 면이 쫄깃했으며, 고명으로 올린 무카이·숙주·라임·마늘후레이크가 절묘한 조화를 이루었다. 누룽지인 카오콤을 말아 먹으며 또 한 번 감탄했다. 카오삐약과 카오콥 덕분에 맛있게 점심을 해결했다. 무엇보다 음식도 음식이지만 그늘이 드리워진 마당이 시원해서 좋았다. 다 먹고 일어서니 다음 손님으로 한국 여행자들이 들어온다. 반가운 마음에 "여기 카오삐약 맛나네요. 맛있게 들고 가세요."라고 인사를 건넸다.

씨엥통 누들 수프

어떻게 가야 할까?

① 조마 베이커리 정면을 보고 오른쪽으로 직진하다 국립왕궁박물관과 코코넛 가든을 지난다. 조마 베이커리에서 씨엥통 누들 수프까지 약 2km다.

② 이어서 루앙프라방 초등학교, 3 나가스, 왓 쎈을 순서대로 스쳐 지나간다.

③ 왓 씨엥통 입구의 바로 옆이 씨엥통 누들 수프다.

Tip 저녁에 먹을 수 있는 카오삐약 맛집

낮 시간에 씨엥통 누들 수프를 방문하지 못해 카오삐약을 맛보지 못했다면 저녁에 즐길 수 있는 카오삐약 맛집을 찾아가보자. 조마 베이커리에서 어렵지 않게 찾아갈 수 있으니 카오삐약을 맛보는 즐거움을 놓치지 말자.

영업시간: 16:00~20:00 **가격:** 카오삐약 1만K **위치:** 조마 베이커리를 정면에 두고 왼쪽으로 두 번째 건물

메콩강변에서 즐기는 신닷 뷔페,

BBQ 메콩 레스토랑

BBQ Buffer Mekong

루앙프라방 여행중 한국인들이 들르는 정거장과도 같은 식당이 신닷으로 유명한 BBQ 메콩 레스토랑이다. 메콩강변에 위치한 이 레스토랑은 마치 야외로 소풍을 와서 고기를 구워먹는 듯한 기분이 들게 만든다. 무엇보다 한 줄로 길게 늘어서 있는 테이블에 해산물과 고기 등이 풍부하게 진열되어 있고, 무한리필로 원하는 만큼 먹을 수 있다는 장점이 있다.

　한국에서 방송에 나온 뒤 본격적으로 루앙프라방을 방문한 한국인 여행자들이 즐겨 찾는 곳이 되었다. 메콩강변을 바라볼 수 있는 야외 테이블에서 즐기는 신닷 뷔페로 최고의 저녁 만찬을 즐겨보자.

이용 안내

◆**영업시간:** 17:30~23:00 ◆**가격:** 성인 6만K, 아이 3만K(음료 별도) ◆**주소:** Thanon Manthatourat, Luang Prabang ◆**위치:** 모닝마켓에서 메콩강변으로 한 블록

Tip 야간 방문시 주의사항

BBQ 메콩 레스토랑은 메콩강변에 위치하기 때문에 야간에 모기가 있을 수 있다. 좀더 편하게 식사를 즐기기 위해서는 모기 기피제를 뿌린 후 식당을 찾는 것이 좋다.

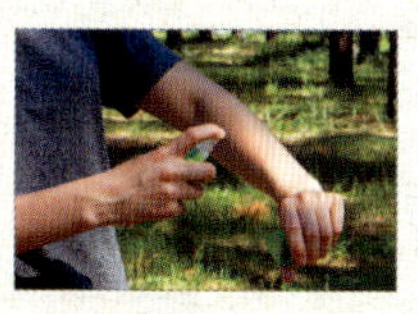

동영상 메콩강변의 뷔페 'BBQ 메콩 레스토랑'

느낌 한마디

한화로 1만 원인 돈으로 이렇게 많은 음식들을 먹을 수 있었다. 길게 늘어진 테이블에는 소고기·돼지고기·해산물·야채·밥·후식까지 없는 게 없었다. 메콩강변을 끼고 있는 테이블에는 미국 사람들로 가득했다. 미국에서도 팁 정도인 돈으로 배부르게 먹을 수 있으니 물가가 비싼 유럽이나 미국인 여행자들에게 라오스는 분명 천국일 것이다. 자리를 잡으니 숯불을 가져다주었다. 고기도 먹고 육수에 밥도 말았다. 육수에 삶은 야채 또한 맛있었다. 비어라오와 함께 뷔페를 즐기니 여기가 지상 낙원이었다. 옆 테이블에 앉은 한국 여행자도, 바로 뒤에 자리한 미국 여행자도 루앙프라방의 밤을 안주 삼아 술잔을 기울였다. 주린 배도 채우고 낭만도 즐길 수 있는 신닷 뷔페는 라오스 여행을 최고로 장식해주는 멋진 곳이었다.

BBQ 메콩 레스토랑

어떻게 가야 할까?

▶ **도보나 자전거로 이동하는 방법**

① 관광 안내소를 정면에 두고 왼쪽 메콩강 쪽으로 직진한다.

② 왼쪽의 라오텔레콤, 오른쪽의 모닝마켓을 지나 메콩강변까지 직진한다.

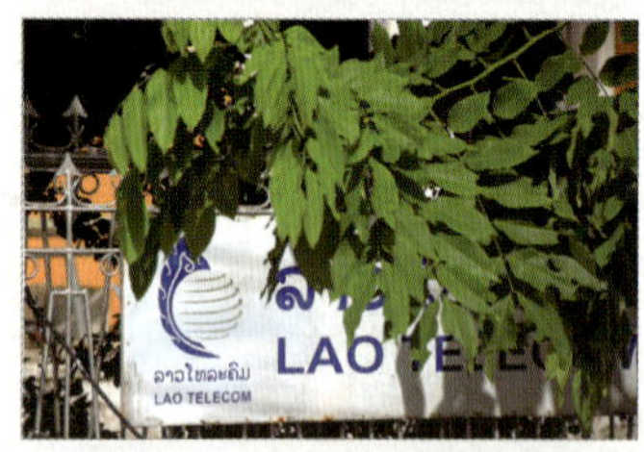

③ 루앙프라방 리버 로지(Luang Prabang River Lodge)에서 우회전한다.

④ 100여m를 직진하면 왼쪽에 BBQ 메콩 레스토랑이 보인다.

코코넛 나무 아래에서 먹는 라오스의 향미,
코코넛 가든
Coconut Garden

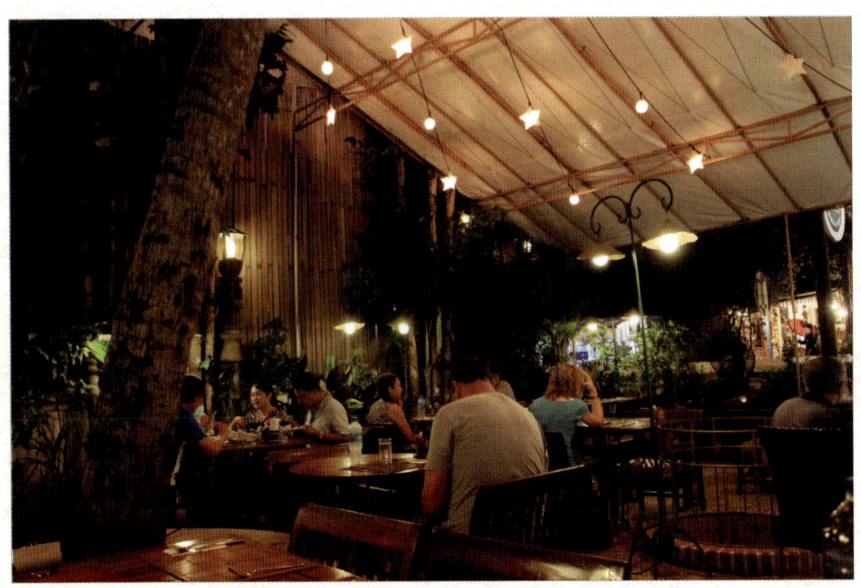

프랑스의 대표 레스토랑인 '엘레팡(L'Elephant)'에서 운영하는 레스토랑이다. 코코넛 가든이라는 이름이 붙은 이유는 실제로 정원 내에 코코넛 나무가 있기 때문이다. 낮에는 나무와 조화를 이룬 자연스러운 멋이 있고, 밤이면 조명과 함께 활기가 넘쳐난다. 퓨전 레스토랑인 코코넛 가든에서는 라오스 현지식뿐만 아니라 서양식과 퓨전식을 같이 즐길 수 있다. 메뉴판을 보면 어떤 음식을 시켜야 할지 고민될 정도로 많은 음식 수를 자랑한다.

코코넛 가든을 찾는 여행자들이 독특하게 즐기는 음식으로는 수제 버팔로 소시지(Sai oua Krouaille)와 버팔로 꼬치가 있다. 특히 버팔로 꼬치와 즐기는 비어라오는 라오스 여행에서 느낄 수 있는 최고의 향미를 전해준다.

이용 안내

◆ **영업시간**: 08:00~22:00 ◆ **가격**: 라오 테이스팅 세트 15만K ◆ **주소**: Thanon Sisavangvong, Luang Prabang
◆ **위치**: 국립왕궁박물관을 지나 직진해서 왼쪽 ◆ **홈페이지**: www.elephant-restau.com/coconutgarden

Tip 여행자 거리에서 최고의 분위기를 가진 레스토랑 코코넛 가든을 찾아 맛있는 음식의 향연에 빠져보자. 다만 야외 테이블에서 즐기고 싶다면 일찍 도착하는 것이 좋다. 2명이 방문한다면 '라오 테이스팅 세트' 메뉴를 추천한다. 이 세트 메뉴는 소고기 요리, 돼지고기 스프, 샐러드, 채소볶음, 스팀 치킨 등 다양한 라오스 음식을 한 번에 맛볼 수 있다.

동영상 낭만적인 향미 '코코넛 가든'

📝 느낌 한마디

1층은 야외 테이블에서, 2층은 TV를 시청하면서 식사를 즐길 수 있었다. 우리가 방문한 시간이 이른 시간이었는데도 야외 테이블에는 손님들로 가득했다. 낮 동안에는 평범했던 식당이 조명과 함께 운치 있는 고급 식당으로 탈바꿈했다. 라오스 음식을 조금씩 여러 가지 맛보고 싶어서 라오 테이스팅 세트를 주문했다. 돼지고기와 야채가 들어간 스프는 감칠맛이 있었고, 한국식 불고기는 육질이 부드러웠다. 바나나 잎에 싸여진 스팀 치킨은 치킨의 새로운 면모를 느끼게 했다. 쪄서 나온 고기라고는 믿기지 않을 정도로 쫄깃한 맛이었다. 같이 먹을 수 있게 볶아서 나온 브로콜리도 신선했다. 먹다 보니 점점 포만감이 왔지만 계속해서 손이 갔다. 마지막에 후식으로 나온 열대 과일은 시원하고 신선했다. 라오스의 현지 물가에 비해 비싼 가격대였지만 훌륭한 음식과 분위기 덕분에 최고였다.

코코넛 가든

어떻게 가야 할까?

(1) 조마 베이커리 정면을 보고 오른쪽으로 직진하면
사거리 앞 관광 안내소가 나온다.

(2) 직진해서 인디고 카페와 왓 마이를 지난다.

(3) 국립왕궁박물관 정문을 지나 100여m를 직진하면
왼쪽에 코코넛 가든이 보인다.

(Tip) 빅트리 카페(Big Tree Cafe)

메콩강변에 위치한 식당으로 한국인이 운영하는 곳이다. 음식도 맛있고 정갈
하다. 김치볶음밥, 된장찌개, 부대찌개 등의 한국 음식이 그리울 때는 한 번
찾아볼 만하다. 라오스 현지 물가치고는 조금 비싼 편이지만 한국에서 먹는
음식 값과 비슷하다.

영업시간: 09:00~21:00(월~토) **가격:** 찌개 5만 5천K **홈페이지:** www.bigtreecafe.
com **위치:** 메콩강 보트 선착장 앞

지친 일상을 치유할 수 있는 힐링 장소,

유토피아
Utopia

루앙프라방에는 심신을 힐링할 수 있는 최적의 장소가 있다. 먹고 쉬며 책도 읽고 낮잠을 자며 하루를 보낼 수 있는 '유토피아'다. 울창한 숲을 이루는 열대 정원, 누워서 강변을 바라보는 것만으로도 지친 일상을 치유할 수 있다. 오전 7시 30분부터 1시간 동안 요가 프로그램이 진행되며, 낮 동안은 휴식 공간으로 쓰인다. 그리고 별이 내리는 밤이면 180도 다른 공간으로 탈바꿈한다. 100인치 스크린에서는 여행·교육·환경에 초점을 맞춘 다큐멘터리 영화가 상영되며, 영화를 상영한 후에는 여행자들끼리 여행중에 겪은 경험을 나눌 수 있다. 문화 정보를 공유하면서 라이브 뮤직도 풀어낼 수 있는 공연장으로 변신하는 것이다.

또한 음악이 함께하는 정글 라운지는 스포츠 공간으로 탈바꿈해 젊은이들의 비치 발리볼 경기장이 된다. 여기에 더해 자연과 함께 식사를 즐길 수도 있다. 그리고 화요일부터 토요일까지 오후 7시부터 엔틱패션쇼가 시작된다. 이렇게 저녁에 진행하는 프로그램에 참가하려는 여행자라면 모기퇴치제가 필수다.

이용 안내

◆ **영업시간:** 09:00~23:30 ◆ **가격:** 칵테일 4만K, 라오비어 1만 6천K ◆ **위치:** Ecole Primaire Aphay 학교 맞은편
◆ **홈페이지:** www.utopialuangprabang.com

Tip 유토피아는 지친 일상을 던지고 칸강과 함께 망중한을 즐기는 곳이다. 혹은 비어라오와 함께 국적을 불문하고 친구가 되는 곳이다. 그외에도 다양한 주류·음료·식사류가 준비된다.

동영상 루앙프라방의 힐링 '유토피아'

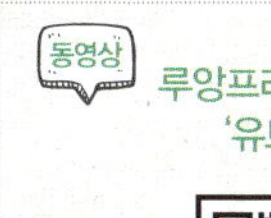

📝 느낌 한마디

무릉도원이라도 찾아가듯 유토피아는 꼭꼭 숨겨져 있었다. 쉬이 고개를 내밀지 않은 유토피아는 앞서는 여행자들의 모습에서 드디어 가까워졌다는 사실을 알 수 있었다. 노트북을 든 슬리퍼 차림의 여행자들은 너 나 할 것 없이 유토피아로 향하고 있었다. 그들을 따르니 입구였다. 주차장에 자전거를 세우고 입장했다. 무릉도원으로 발을 내딛는 순간이었다. 문턱을 넘기 전의 세상과 넘은 후의 세상은 완전히 달랐다. 숲으로 둘러싸인 정원, 누워서 책을 보는 사람들, 맥주를 기울이며 담소를 나누는 사람들로 가득했다. 그 모습을 바라보고 있으니 덩달아 내 가슴도 편해졌다. 나 또한 한쪽에 누워 강변을 바라보니 저 너머에서 아이들이 수영을 즐기고 있었다. 같은 세상에서 다른 모습의 유토피아였다. 루앙프라방에서 유토피아를 방문하지 않고 어디를 방황하겠는가? 유토피아는 최고 그 자체였다.

유토피아
어떻게 가야 할까?

▶ **관광 안내소에서 도보나 자전거로 이동하는 방법**

1 관광 안내소를 정면으로 보고 메콩강 반대편인 오른쪽으로 300여m를 직진하면 왼쪽에 다라마켓(Dara Market)이 나온다.

2 다라마켓을 따라 300여m를 직진하면 화이트 앨리펀트 어드벤처(White Elephant Adventures) 여행사 앞에 유토피아 이정표가 보인다.

3 이정표에 따라 우회전해 직진하면 빌라 아페이 게스트하우스(Villa Aphay Guesthouse)로 가기 전의 골목길에 있는 유토피아 표지판을 따라간다.

4 왼쪽으로 100여m를 직진하면 유토피아 입구다.

다섯째 날

시간이 거꾸로 흐르는 지상 낙원, 루앙프라방

LAOS

여행지에는 그 나라를 대표하는 독특하고 특징적인 장소가 있다. 라오스는 불교국가로 메콩강을 삶의 기반으로 한다. 다섯째 날 일정으로 최고 볼거리인 탁발 행렬과 메콩강을 보트로 즐길 수 있는 탐 빡우에 더해 열대 정글 속 에메랄드 빛을 자랑하는 꽝시 폭포까지 소개한다. 라오스 여행이 아쉬운 여행자는 칸강변 산책으로 마무리해 마지막 날의 일정으로 가장 라오스다운 추억을 담아보자.

일정 한눈에 보기

| 탁발 행렬 | ▶ | 탐 빡우 | ▶ | 꽝시 폭포 | ▶ |

| 칸강변 |

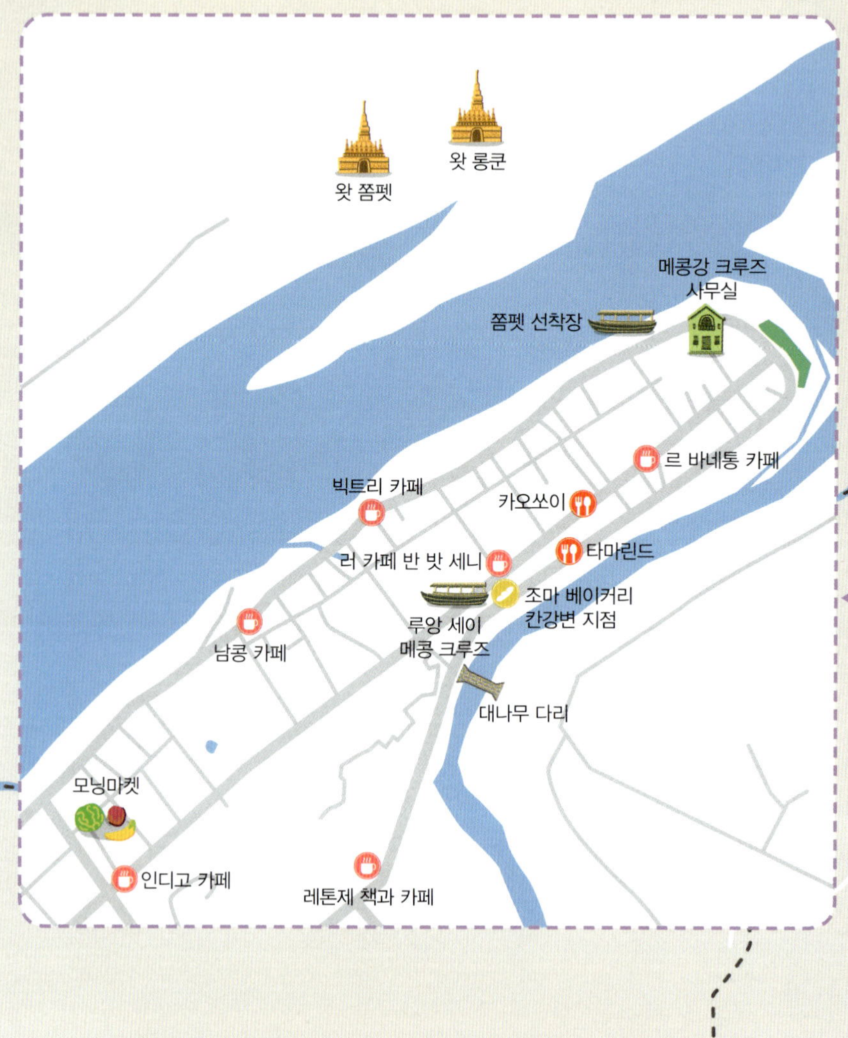
왓 쫌펫
왓 롱쿤
메콩강 크루즈 사무실
쫌펫 선착장
르 바네통 카페
빅트리 카페
카오쏘이
러 카페 반 밧 세니
타마린드
조마 베이커리 칸강변 지점
남콩 카페
루앙 세이 메콩 크루즈
대나무 다리
모닝마켓
인디고 카페
레톤제 책과 카페

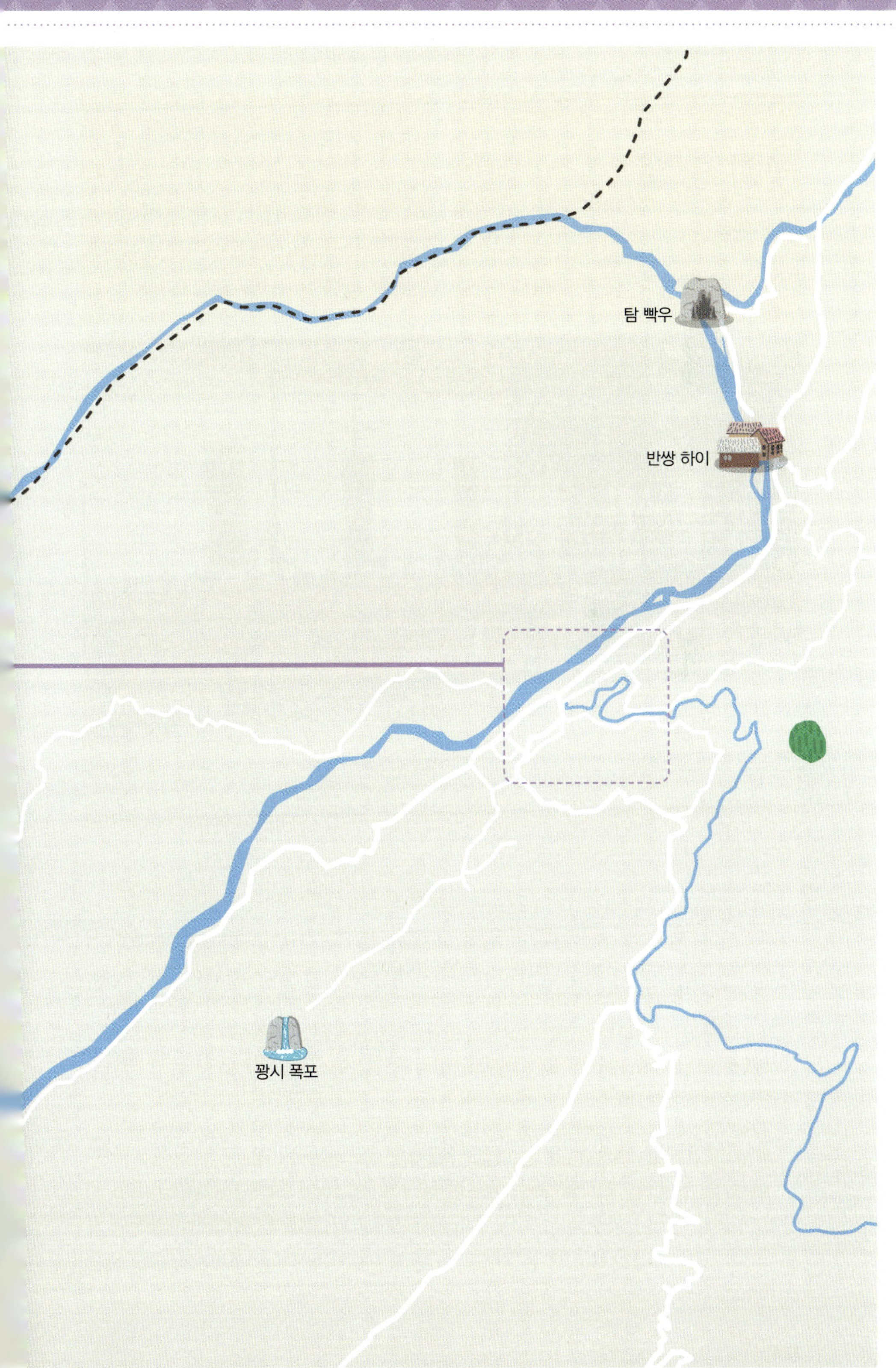

탐 빡우
반쌍 하이
꽝시 폭포

탁발 행렬

Binthabat

1353년 라오스에 불교가 들어온 이후 가장 종교적 유산 같은 의식이 탁발 행렬 (Binthabat, 빈타밧)이다. 탁발 행렬은 전통적인 불교 의식의 걸식 행위로 승려들이 발우(바구니)를 들고 마을을 돌아다니면서 사람들에게 음식 공양을 받는다. 즉 탁발은 걸식해 얻은 음식을 담은 발우에 목숨을 기탁한다는 의미다. 물론 공양을 한 사람들에게 복을 기원해준다.

 루앙프라방에서 가장 인상적이고 아름다운 의식 중 하나인 탁발 행렬은 아침 5시 30분에 시작해 약 30분 정도 진행된다. 가장 나이가 많은 승려가 앞장 서고 서열에 따라 승려들이 한줄로 서서 의식을 진행한다. 탁발 행렬은 승려와 서민들이 가장 가까워지는 종교의식이며, 신도들은 탁발 행렬을 통해 경건, 배려, 베풂을 배울 수 있기 때문에 종교적으로 가치가 있다. 탁발 행렬이 거행되면 무릎을 꿇고 있다가 승려들이 지나갈 때 준비해온 음식을 바구니에 넣어주면 된다. 보통 찹쌀밥·빵·과일 등을 제공한다.

탁발을 받은 음식은 승려들이 모두 가지고 가는 것이 아니라 자신이 먹을 만큼을 제외하고 나머지 음식을 공양해 음식을 필요로 하는 사람에게 다시 나누어준다. 라오스인들에게 탁발의식은 하루를 여는 일상 같은 의식이다.

이용 안내

◆ **위치**: 여행자 거리의 각 사원 근처. 가장 화려하게 진행되는 곳은 왓 쎈 앞 ◆ **운영시간**: 정확히 5시 30분부터 진행되는 것이 아니기 때문에 5시 정도에 참석하는 것이 좋다. 진행이 5:30〜6:00이나 15분도 지나지 않아서 종료되기도 한다.

> **Tip** 공양할 물건은 전날 지역시장에서 구입하는 것이 좋다. 새벽 길거리에서 파는 것은 가격도 비싸고 양이 적다. 그리고 참석자는 어깨, 다리는 가리고 옷을 단정하게 입어야 한다. 탁발 행렬은 엄연한 종교 행사이므로 스님들과 공양하는 사람들에게 방해가 되지 않도록 하며 참가자들은 경건함을 유지하도록 한다.

느낌 한마디

5시임에도 보시 참석자들이 가득했다. 어제 준비한 카스테라로 보시에 참석했다. 주홍색 물결이 거리를 메우자 보시가 시작되었다. 괜시리 경건해지고, 스님이 다가오자 떨리기까지 한다. 경건하게 두 손 모아 준비한 음식을 발우에 넣는다. 받는 승려와 주는 나도 하나가 된 듯하다. 어제 푸씨에서 만났던 스님도 지나간다. 가볍게 목례를 하고 보시를 한다. 공양을 많이 준비했지만 생각보다 금방 동이 났다. 스님들은 발우에 가득 찬 물건을 구걸자에게 하나둘씩 나누어주며 베풂도 실천했다. 탁발 행렬은 가장 경건한 종교의식이었다. 보시에 참석한 것은 루앙프라방에서 잊지 못할 또 하나의 추억이 되었다.

탁발 행렬

어떻게 즐겨볼까?

길거리 노점에서는 탁발 행렬 때 보시할 수 있는 카오나오(찹쌀밥), 빵, 과일 등을 판다.

보시 참석자들은 매트를 깐 뒤 무릎을 꿇고 보시한다. 매트가 준비되지 않은 여행자는 천이나 수건 등을 깔고 참석하면 된다.

Tip 불교국가인 라오스

라오스는 인구의 95%가 불교를 믿는다. 또한 라오스 불교는 한국과 달리 산에서 수도하는 것이 아니라 민중들과 함께하는 소승불교다. 그래서 음식도 제재가 없어 일반 사람들처럼 고기를 먹을 수 있고 담배도 피울 수 있다.

탐 빡우

Tham Pak Ou

탐 빡우는 루앙프라방 북쪽 25km 지점, 메콩강과 남 오(Nam Ou) 경계에 위치하며 입을 크게 벌린 모양의 자그마한 석회암 동굴이다. 라오스 왕실에서 불교를 받아들이면서 탐 빡우는 새해를 시작하는 기원의 장소가 되었다. 탐 팅(Tham Ting)과 탐 풍(Tham Phum)으로 2개의 동굴이 있으며, 불상이 있는 탐 팅 내부에는 명상·교육·평화·비를 의미하는 다양한 크기와 형태의 4천 개에 가까운 불상이 있다. 사실 라오스는 지리적으로 중국, 베트남, 태국 등에 의한 패권 다툼의 각축장이자 프랑스, 일본의 침략으로 조용한 날이 없었다. 그래서 라오스인들은 탐 빡우 같은 외진 곳에 불상을 가져다놓음으로써 불상을 온전하게 보존하고 약탈도 막으며 소원도 빌었다고 한다.

현재 탐 빠우는 라오스인들의 인기 순례 장소가 되었으며, 신년축제인 분 삐마이 라오 기간에는 불상을 세척하고 라오스인들의 순례를 맞이한다. 내부에 웅장한 불상이 마련된 것은 아니지만 라오스인들의 정성과 경건한 마음에 풍요를 얻을 수 있는 곳이다. 루앙프라방 여행자들의 필수 코스인 탐

빠우는 동굴 내의 불상보다는 메콩강을 거슬러 올라가면서 순수한 자연을 감상하는 것으로 더 인기 있다.

이용 안내

◆ **관람시간:** 08:00~16:00　◆ **입장료:** 2만K(여행사 패키지 상품에서 입장료는 별도)

 **Tip** 탐 빠우에 가기 전 준비사항

루앙프라방의 메콩강변 선착장에서 탐 빠우 선착장까지는 롱테일 보트로 1시간 30분이 소요된다. 탐 빠우에는 간단한 음료수를 구입할 수 있는 매점도 없기 때문에 탐 빠우로 출발하기 전에 필요한 물건이 있다면 메콩강변 선착장에서 미리 준비하는 것이 좋다.

동영상 메콩강 크루즈 '탐 빠우'

느낌 한마디

보트로 메콩강을 거슬러 올라간다. 메콩강변에는 라오스인들의 삶이 고스란히 담겨 있었다. 고기를 잡기도 하고, 강변의 모래를 퍼나르기도 하고, 빨래를 하거나 수영으로 더위를 식히기도 했다. 그뿐만 아니라 일렬로 세워진 배를 집으로 삼고 생활하는 사람들도 있었다. 메콩강변의 삶을 감상하며 1시간여를 달려 위스키 빌리지에 도착했다. 직접 직물을 짜는 모습은 어릴 때 자주 보았던 시골 할머니의 모습을 떠올리게 했다. 선물로 줄 스카프 몇 장을 고른다. 천이 굉장히 부드러워 놀랄 정도였다. 입을 벌린 모양의 탐 빠우에는 수많은 불상들이 놓여 있었다. 그 옛날 약탈을 피해 불상을 보존하려 했던 라오스인들의 정성과 마음이 곳곳에 담겨 있었다. 나도 잠시 불상에 의지해 기도를 올려본다. 탐 빠우 아래로 보이는 메콩강의 모습에 눈이 부신다. 탐 빠우는 최고의 여행 코스였다.

탐 빡우

어떻게 가야 할까?

여행자들이 루앙프라방에서 탐 빡우 입구로 이동할 때 가장 많이 이용하는 방법이다. 여행사에 1인 8만K 정도의 비용을 지불하고 롱테일 보트로 약 1시간 30분을 이동한다.

① 루앙프라방 호텔로 픽업하러 온 차를 탄다.

② 루앙프라방 빅트리 카페 선착장에 도착한다.

③ 루앙프라방 선착장에서 보트에 탑승한다.

④ 중간 지점에 항아리를 만드는 마을이라는 뜻의 반 쌍 하이에서 잠시 하차해서 전통주인 라오라오를 시음하고 직물을 짜는 모습을 구경한 후 탐 빡우 입구까지 이동한다.

▶ 개별 보트를 타고 이동하는 방법

루앙프라방에서 탐 빡우 입구까지 롱테일 보트로 약 1시간 30분 정도 이동한다. 루앙프라방 빅트리 카페 앞 선착장에서 탐 빡우로 이동하는 왕복 표를 구입한 뒤 메콩강 보트를 탄다. 중간 지점인 반쌍 하이(항아리를 만드는 마을)에서 잠시 하차해 전통주 '라오라오'를 시음해보고, 직물 짜는 모습도 구경한다. 다시 보트를 타고 탐 빡우 입구까지 이동한다. 보트 1인 왕복 비용은 8만K 정도이고, 일행이 많을 경우에는 개인적으로 가는 것이 좋은 방법이다. 보트 한 대당 30만K이다.

▶ 오토바이나 썽태우를 타고 이동하는 방법(루앙프라방 → 빡우 마을 → 탐 빡우 입구)

루앙프라방에서 빡우 마을까지 오토바이나 썽태우로 30분 정도 이동한다. 빡우 마을에서 메콩강변 건너 탐 빡우까지 배로 약 10분 정도 이동한다. 먼저 루앙프라방 시내에서 오토바이나 썽태우를 탄다. 이때 1인 왕복 비용은 20만K 정도다. 그런 다음 루앙프라방 북쪽 우돔싸이 방면으로 이동한다. 그 후 메콩강변의 반쌍 하이를 지나 빡우 마을까지 총 29km 정도 이동한다. 마지막으로 빡우 마을 선착장에서 배를 타고 메콩강을 건너 탐 빡우 입구까지 이동한다. 이때 승선 비용은 1인당 1만 3천K 정도다.

탐 빡우

어떻게 즐겨볼까?

롱테일 보트로 1시간 30분 동안 메콩강변을 즐겨보자. 고기를 잡거나 아이들이 수영하는 모습, 배에서 생활하는 라오스인들이나 강변의 별장 등 메콩강의 일상을 구경할 수 있다.

반쌍 하이라는 위스키 빌리지에서 라오스 전통주인 '라오라오'를 시음할 수 있고 직물을 직접 짜는 모습도 볼 수 있다. 직물을 직접 짜서 만든 스카프는 가격도 저렴해서 선물용으로 좋다.

탐 팅은 명상·교육·평화·비를 의미하는 다양한 형태
와 크기의 불상이 4천 개 가까이 있는 동굴이다.

탐 팅에서 계단을 따라 10분 정도 올라가면 탐 풍이
나온다. 동굴 안은 어둡기 때문에 휴대전화 플래시는
필수다. 조그만 불상들이 곳곳에 놓여 있다.

열대 정글 속에서 푸른 하늘을 머금은 폭포,

꽝시 폭포

Kuangsi Waterfall

꽝시는 '사슴'이라는 뜻으로, 꽝시 폭포는 사슴의 뿔로 구멍을 낸 곳에 물이 쏟아져 폭포가 형성되었다는 설화가 있다. 루앙프라방에서 남쪽으로 29km 정도 떨어진 꽝시 폭포는 울창한 열대 정글 속에 아름다운 계곡과 폭포를 자랑한다. 폭포의 최대 높이가 60m로 생각보다 낮지만 울창한 열대 정글의 그늘은 최적의 힐링 장소로 손꼽힌다. 폭포 아래에서 터지는 물 포말은 더위를 식혀준다. 다만 나무 그늘로 인해 물이 차갑기 때문에 입수 전 반드시 준비운동을 해야 한다.

수영을 하지 않을 경우에는 나무 그늘 아래에서 다른 여행자들의 다이빙을 구경하며 즐기는 것만으로도 최고의 휴식이 된다. 정상으로 오르는 산책로도 잘 정비되어 있어 산책을 즐기기에 좋다. 산책시에는 신발을 착용하는 것이 좋다. 산책로가

가파르고 바닥이 미끄러워 위험하기 때문이다. 루앙프라방을 찾는 여행자와 현지인들에게 가장 인기 있는 꽝시 폭포는 석회암 지대에 있는 폭포의 전형을 볼 수 있으며, 아름다운 에메랄드 물줄기를 가진, 동화 속에 있을 것 같은 곳이다. 루앙프라방 최고의 유토피아인 꽝시 폭포를 찾아 라오스 여행의 절정을 느껴보자.

◆ **운영시간**: 08:00~17:30 ◆ **입장료**: 2만K

Tip 폭포 앞 오두막에서 수영복으로 갈아입을 수 있다. 꽝시 폭포 출발 전 루앙프라방 시내 시장이나 노점에서 과일, 음료 등의 간식거리를 준비하는 것도 꽝시 폭포를 즐기는 하나의 방법이다.

동영상 푸른 하늘 아래 폭포 '꽝시 폭포'

느낌 한마디

밴을 타고 이동하면서 보는 라오스 시골의 정경은 아름다웠다. 맨발로 진흙길을 걷는 아이들, 무리를 지어서 이동하는 소들과 옹기종기 모여 있는 오두막집들은 더없이 정겨운 모습이었다. 감상의 시간도 잠시 꽝시 폭포에 도착했다. 꽝시 폭포에서 다이빙하는 사람들의 환호 소리가 들린다. 눈을 의심케 할 정도로 계곡은 에메랄드 빛이었다. 어떻게 저런 옥빛을 만들어낼까? 폭포에서는 모든 여행자들이 하나가 되어 즐거워한다. 나뭇가지에서 다이빙할 차례를 기다리면, 아래에서는 모두들 박수를 쳐준다. 누구에게나 웃음을 건네는 꽝시 폭포는 그래서 더 즐겁다. 폭포에서 떨어지는 포말은 자욱한 안개를 보는 듯하다. 자연의 모습 그대로를 간직한 꽝시 폭포에서 다이빙도 하고 수영도 하며 최고의 힐링을 즐겨보자. 꽝시 폭포는 라오스 여행의 또 다른 즐거움이다.

꽝시 폭포

어떻게 가야 할까?

▶ 여행사를 통해서 미니밴으로 이동하는 방법

여행자 거리에 있는 여행사에서 예약을 하면 당일에 다른 예약자와 같이 미니밴으로 이동할 수 있다. 여행자 거리에서 꽝시 폭포까지 이동하는 데 40분 정도 소요되며, 꽝시 폭포에서는 2시간의 자유시간이 주어진다. 비용은 1인 5만K 정도다. 다만 여행사마다 차이가 있으니 잘 확인하자.

▶ 썽태우로 이동하는 방법

차 한 대당 15만K 정도이므로 일행이 5명 정도면 저렴한 비용으로 이용할 수 있다.

▶ 오토바이로 이동하는 방법

오토바이로 이동하면 시간이 많이 걸린다는 단점이 있지만 가는 동안 아름다운 라오스 풍광을 즐길 수 있고 꽝시 폭포에서도 시간을 자유롭게 보낼 수 있다. 여행자 거리의 남푸 분수를 지나 29km 정도(약 1시간) 계속 직진한다. 다만 이동중 사고가 날 수 있으므로 주의를 요한다. 오토바이로 이동시 꽝시 폭포 주차장에서 주차료(2천K)를 내야 한다.

꽝시 폭포

어떻게 즐겨볼까?

입구 노점에는 꼬치구이를 비롯한 간단한 먹을거리와 수제로 만든 기념품 등을 판매한다.

야생 곰 보호소에는 밀렵꾼에게서 구조된 검은 곰 2마리가 있다. 곰 인형이 세워져 있는 곳이 바로 포토존이다.

제일 아래 3~5m 높이의 작은 계곡, 중간 지점의 계곡, 제일 위쪽의 60m 폭포가 있다. 제일 위쪽 폭포에서는 다이빙을 할 수도 있다.

칸강변

Thanon Kingkitsalat

루앙프라방은 북서쪽으로는 메콩강, 남동쪽으로는 칸강(Nam Khan)으로 둘러싸인 반도 지형이다. 칸강은 '기어가는 강'이라는 뜻에 걸맞게 강 폭도 넓지 않고 유속이 느리다. 칸강은 메콩강의 지류로 루앙프라방에서 만나며 라오스의 남쪽으로 흐른다. 특히 건기에 놓이는 대나무 다리가 칸강의 상징이 되었다. 대나무 다리는 6개월 동안만 놓여 있다. 우기에는 강에 잠겨 유실되며 다음 해 건기가 돌아오면 다시 세워진다.

칸강변에서 바라보는 강 건너 모습은 마치 한 폭의 그림 같다. 마치 개발되기 전의 우리나라 시골마을처럼 자연이 그대로 남아 있다. 칸강변을 따라 걷다 보면 카페나 숙박시설이 많고, 길가에는 음식점과 레스토랑이 즐비하다. 강 건너와 강변의 모

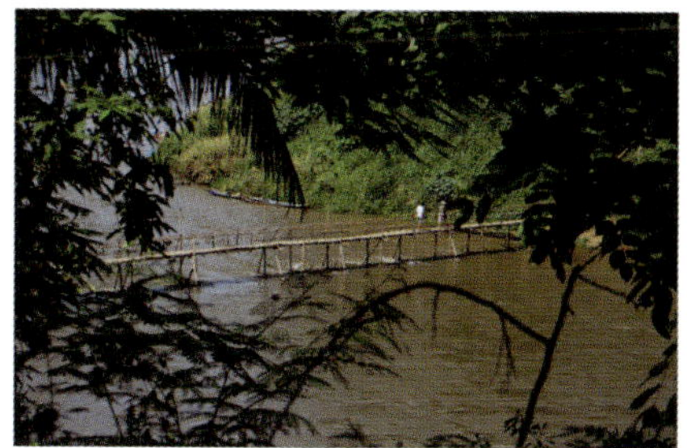

습은 마치 다른 세상인 것처럼 교차된다. 라오스 여행의 마지막 날 고즈넉한 칸강변을 산책하면서 라오스 여행을 정리해보자. 여행한 때가 건기라면 대나무 다리도 건너보자. 삐거덕거리는 다리를 걷는 것만으로도 여행의 묘미를 더해줄 것이다.

이용 안내

◆ **대나무 다리 통행세**: 5천K~

Tip 2개의 대나무 다리

대나무 다리는 뷰 포인트 카페의 바로 앞과 조마 베이커리 카페의 앞쪽 등 2곳이 있다. 2곳 모두 나름대로의 매력을 뽐내고 있지만 대나무 다리를 건널 예정인 여행자라면 조마 베이커리 카페 쪽 대나무 다리를 추천한다. 뷰 포인트 카페 쪽 대나무 다리보다 더 좋은 마을 풍경을 구경할 수 있다.

동영상 루앙프라방의 전경 '칸강변'

📝 **느낌 한마디**

루앙프라방은 어디를 가든 다 그림 같지만 뷰 포인트에서 바라보는 모습은 예술 그 자체다. 뷰 포인트 아래에 펼쳐지는 메콩강과 칸강, 그리고 그 강을 일터 삼아 고기를 잡는 사람의 모습과 그림처럼 펼쳐진 대나무 다리는 라오스의 모든 것을 말해주고 있었다. 강변 쪽의 자연스러운 멋과 강변을 채우고 있는 유럽풍의 아름다운 건물들은 계속해서 돌아보게 만드는 매력이 있었고, 끝없이 사진기를 들게 했다. 내가 본 칸강은 고요했고 눈부신 매력을 품고 있었다.

칸강변

어떻게 가야 할까?

(1) 조마 베이커리 정면을 보고 오른쪽으로 직진한다.
조마 베이커리에서 칸강변까지 약 2km다.

(2) 국립왕궁박물관을 지나간다.

(3) 코코넛 가든이 나오면 직진한다.

(4) 루앙프라방 초등학교, 3 나가스를 지나 직진한다.

⑤ 왓 쎈과 씨엥통 누들 수프를 지난다.

⑥ 직진하면 칸강변 공원이며 왼쪽이 메콩강, 오른쪽
이 칸강이다.

칸강변

어떻게 즐겨볼까?

여행자 거리 끝 부분에 있는 메콩강. 칸강의 합류 지점에는 공원이 조성되어 있다. 휴식을 취하기도 좋고 무엇보다 최고의 전망을 자랑한다. 뷰 포인트 카페에서 간단한 음료를 즐기는 것도 추천한다.

대나무 다리는 건기에만 운영되며 통행료는 5천K이다. 대나무 다리는 뷰 포인트 카페 바로 앞과 조마 베이커리 앞쪽으로 두 군데가 있다.

로젤라 퓨전 레스토랑(Rosella fusion restaurant)은 라오스 물가에 비해서 조금 고가지만 칸강변을 바라보며 여유로운 식사를 즐길 수 있다. 인기 메뉴는 치킨 그린 커리(Chicken Green Curry)와 새우 볶음밥(Kow Pad Kung)이다.

조마 베이커리 칸강변 지점은 여행자 거리의 조마 베이커리와 달리 2층 야외 테라스에서 칸강변을 바라보며 시간을 보낼 수 있다.

운영시간: 11:00~22:30 **가격:** 치킨 그린 커리 4만 5천K

아침에 깔끔하게 즐기는 쌀국수의 맛,

모닝마켓 쌀국수

Morning Market's Pho

한국 TV의 한 프로그램에서 유명한 배우가 극찬한 이후로 한국인 관광객에게 유명해진 곳이다. 라오스에서 가장 흔하게 접할 수 있는 가느다란 면의 퍼 쌀국수와 면발이 굵은 한국식 칼국수인 카오삐약 쌀국수가 있다. 면은 가는 면과 굵은 면이 있고, 고명은 허파·귀때기·내장·살코기가 있어 선택할 수 있다. 하얀 국물(고기 육수)의 퍼 쌀국수를 원하면 가는 면을, 빨간 국물(코코넛 육수)의 카오삐약 쌀국수를 원하면 굵은 면을 선택하면 된다.

카오삐약 국수는 해장국이나 된장국을 먹는 것처럼 속풀이용으로 좋다. 탁발 행렬을 구경한 여행자들이 대부분 5분 거리인 모닝마켓으로 온다. 모닝마켓을 둘러보고 현지인들과 어울려 쌀국수를 즐겨보자. 라오스 여행이 더 행복해질 것이다.

이용 안내

◆ **가격:** 1만 5천K~(고명을 올리지 않을 경우) ◆ **위치:** 모닝마켓 중간 지점(국립왕궁박물관 쪽에서 올 경우)의 왼쪽

Tip 모닝마켓 쌀국수 집 찾는 방법
입구 벽면에 한국말로 '국수 빨간 국물'이라고 쓰여 있고, 식당 내의 왼쪽 벽면에는 CD로 나비 모양을 만들어놓았다.

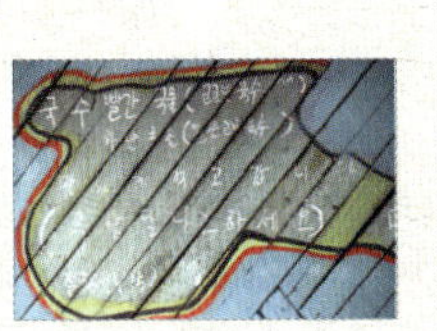

동영상 아침에 먹는 쌀국수 '모닝마켓 쌀국수'

느낌 한마디

여행지의 삶을 가장 가까이에서 만날 수 있는 방법은 아침시장을 찾는 것이다. 모닝마켓은 아침부터 사람 냄새가 났다. 삶의 체취가 풍부한 모닝마켓에 쌀국수로 유명한 집을 찾아갔다. 간판은 없지만 쉽게 찾을 수 있고 무엇보다 쌀국수의 맛이 끝내주었다. 면은 부드럽고 국물은 시원했다. 라오스를 여행하면서 쌀국수를 많이 먹어보았지만 모닝마켓의 쌀국수는 또 다른 특별한 맛이 있었다. 국수를 먹는 동안 현지인들이 끝없이 포장주문을 한다. 막 자리에서 일어서는데 한국인 관광객이 들어온다. 맛이 어떠냐는 물음에 '엄지 척'만 해주었다. 모닝마켓의 쌀국수는 말이 필요 없을 정도로 맛있었다.

독특하게 즐길 수 있는 라오스 북부의 전통 국수,
카오쏘이
Khao Soi

카오쏘이는 루앙프라방의 전통 국수다. 라오스에서 가장 흔하게 맛볼 수 있는 국수가 쌀국수라면 루앙프라방에서는 독특하게 카오쏘이를 즐길 수 있다. 일명 한국식 된장 국수로 오랜 시간 끓인 육수에 국수와 다진 고기, 토마토로 만든 된장소스를 넣은 것이다. 라오스 전통 음식으로 함께 나온 고수와 야채를 넣어 먹어보자.

루앙프라방에는 카오쏘이로 유명한 집이 여러 군데 있지만 현지인들이 가장 많이 찾는 집은 왓 쎈 맞은편에 있는 집이다. 여행자 거리 끝 지점에 위치한 식당은 간판도 없이 운영되지만 왓 쎈 근처에 이르면 "이 집이구나!"라고 할 정도로 손님들이 가득하다. 메뉴는 쌀국수, 카오쏘이 두 종류가 있다. 12시가 되면 문을 닫기 때문에 아침식사로 이용하는 것이 좋다.

이용 안내

◆ **영업시간:** 07:30~12:00(일요일 휴무) ◆ **가격:** 쌀국수 2만K, 카오쏘이 2만K ◆ **위치:** 왓 쎈 맞은편

Tip 식당의 다양한 소스와 양념

라오스에는 가게마다 다양한 소스와 양념을 테이블에 마련해놓고 있다. 카오쏘이 또한 테이블에 있는 고춧가루 양념을 첨가하면 더 매콤한 카오쏘이를 즐길 수 있다. 기호에 따라 조절해서 넣어보자.

동영상 루앙프라방 전통 국수 '카오쏘이'

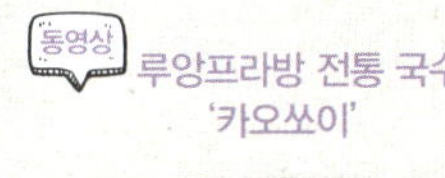

📝 느낌 한마디

일요일도 영업을 한다는 잘못된 정보 때문에 2번이나 방문했다. 카오쏘이를 주문하니 고명으로 다진 고기 양념이 올려진 국수가 나왔다. 고기 양념 소스가 풀어진 국물은 빨간색으로 바뀌었지만, 육수는 시원했고 면은 깔끔함과 부드러움이 있었다. 느끼한 쌀국수만 먹다가 한국인 입맛에 맞는 카오쏘이를 먹으니 또 다른 라오스 국수의 매력에 빠진다. 비가 부슬부슬 내리는 습기 가득한 더운 날이었지만 카오쏘이는 비오는 날 더 제격이었다. 이열치열로 카오쏘이 한 그릇을 비우고 나니 며칠 동안 텁텁했던 입맛이 살아난다.

카오쏘이

어떻게 가야 할까?

① 조마 베이커리를 정면으로 보고 오른쪽으로 직진
해서 국립왕궁박물관을 지난다. 조마 베이커리에
서 카오쏘이까지 약 2km다.

② 코코넛 가든을 지난다.

③ 루앙프라방 초등학교와 3 나가스를 지난다.

④ 왓 쎈까지 직진하면 오른쪽 길 건너편에 갤럭시
에어티켓팅(Galaxy Airticketing) 사무실이 있고, 그
왼쪽이 카오쏘이다.

라오스의 문화와 요리를 체험하는 레스토랑,

타마린드

Tamarind

타마린드는 부부가 운영하는 가족 레스토랑으로 현지에서 생산하는 재료와 공급 업체를 사용해 지역사회에 환원하는 기업이기도 하다. 라오스 요리 학교도 운영하고 있어 라오스 요리와 라오스 문화를 배울 수 있다. 요리 과정이 끝나고 나면 완성된 요리를 가지고 칸강이 내려다보이는 야외에서 음식을 먹는 법도 배운다. 요리 과정이 끝나고 나면 그날 배운 요리의 레시피를 받을 수 있다.

라오스 문화를 이해할 수 있는 요리 학교는 인기가 높아 항상 사람들로 가득하다. 식당 내 인테리어와 분위기는 고급스럽고, 음식은 라오스 전통식으로 만들어진다. 음식을 주문하면 종업원이 전통적인 식사 방법을 간단하게 설명해준다. 여행자들이 가장 많이 찾는 타마린드에서 라오스 전통 음식에 도전해보자.

이용 안내

◆**영업시간:** 11:00~16:15, 17:30~21:00(월~토) ◆**가격:** 라오음식 4만 5천K~, 디너 세트 12만K~, 버팔로 꼬치구이 5만 5천K~ ◆**홈페이지:** www.tamarindlaos.com ◆**이메일:** info@tamarindlaos.com

Tip 타마린드는 신선한 재료를 사용해 다른 식당에서 맛볼 수 없는 특별한 가정식 요리를 제공한다. 다양한 메뉴가 준비되어 있으며, 주문시 종업원에게 추천받거나 인기 메뉴인 버팔로 꼬치구이, 라오 디너 세트(야채 스프+라오스 요리+생선찜+닭고기+호박 볶음+찹쌀디저트+과자+커피 또는 차)를 먹어도 좋다. 단 라오 디너 세트는 하루 전에 예약해야 한다.

동영상 라오스 전통 음식점 '타마린드'

📝 느낌 한마디

아무리 좋은 음식이라도 종업원이 불친절하면 음식 맛이 떨어지는 게 사실이다. 하지만 타마린드는 종업원이 매우 친절해서 그런 일은 없었다. 메뉴를 추천해달라고 하니 상세히 설명해주었다. 버팔로 꼬치구이와 세트 메뉴를 주문했다. 버팔로 꼬치구이는 짠맛이 강했지만 찹쌀밥과 같이 먹으니 좋았고, 소스에 찍어 먹으니 또 새로운 맛을 주었다. 비어라오 안주로도 제격이었다. 또한 세트 메뉴는 신선한 야채의 식감이 좋았다. 조미료가 많이 사용된 식당에서는 먹고 나면 입안이 텁텁했는데, 타마린드에서의 식사는 깔끔할 정도로 맛났다.

타마린드

어떻게 가야 할까?

1 조마 베이커리 정면을 보고 오른쪽으로 약 2km를 직진해야 타마린드다. 우선 국립왕궁박물관과 코코넛 가든을 차례로 지난다.

2 루앙프라방 초등학교와 3 나가스를 지나면 정면에 부티크(The Boutique)가 있다.

3 오른쪽의 칸강 방면으로 직진하면 끝 지점에서 왼쪽이 밤 부트리 레스토랑이다.

4 밤 부트리 레스토랑을 지나면 타마린드다.

고즈넉한 전원 생활이 펼쳐지는 시골마을,
쫌펫 지구
Chompet District

라오스 전원 생활의 모습을 보고 싶다면 쫌펫 지구로 떠나보자. 쫌펫 지구는 국립 왕궁박물관 뒤편 선착장에서 배를 타고 10분만 가면 나오는 라오스 시골마을이다. 먼지가 폴폴 날리기도 하고, 길거리에는 쓰레기가 어지럽게 놓여 있기도 하지만 메콩강 사이로 완전히 다른 루앙프라방의 모습을 담을 수 있다. 특히 쫌펫 지구의 소수민족인 흐몽족(Hmong)과 카무족(Khamu), 저지대 라오족(Lowland Lao)도 만나볼 수 있다.

쫌펫 지구에서 바라보는 루앙프라방과 메콩강의 경치는 굉장히 아름답다. 왕의 후계자가 거주했다는 왓 롱쿤, 왓 씨앙맨을 둘러보는 것도 쫌펫 지구의 볼거리다. 메콩강 건너편에 위치한 쫌펫 지구는 라오스에 대한 또 다른 추억을 남겨줄 것이다.

이용 안내

◆ **승선료:** 1인 5천K~ ◆ **자전거 승선료:** 5천K~ ◆ **선착장 위치:** 국립왕궁박물관 뒤편

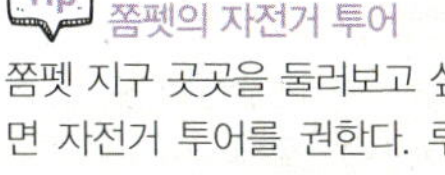 **쫌펫의 자전거 투어**

쫌펫 지구 곳곳을 둘러보고 싶다면 자전거 투어를 권한다. 루앙프라방 올드타운에서 빌린 자전거는 쫌펫 지구로 떠나는 배편에 실어 관광을 즐길 수 있다.

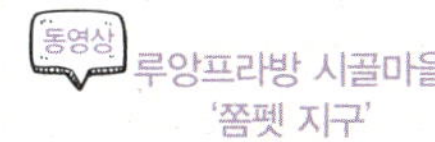 **루앙프라방 시골마을 '쫌펫 지구'**

느낌 한마디

배를 타려는 사람과 오토바이를 탄 사람들이 하나둘씩 몰려들기 시작한다. 강을 건너려는 차도 줄을 선다. 루앙프라방 시내에서 필요한 물건들을 사서 오는 쫌펫 지구 사람들이었다. 옷에는 흙이 묻어 있었고 아이들의 손에는 과자가 들려 있었다. 모두 한 가족처럼 다정해 보인다. 10여 분의 짧은 시간이지만 강을 건넌다는 것은 또 다른 설렘이었다. 입구부터 비포장길이라 천천히 걸음을 옮기니 먼지가 날린다. 골목길로 접어드니 삼삼오오 모여서 이야기꽃을 피우고 있는 동네 아이들이 무리 지어 공놀이를 즐기고 있다. 스마트폰만 쳐다보는 우리의 모습과는 달랐다. 순서대로 자리한 왓 씨앙맨, 왓 쫌펫, 왓 롱쿤을 구경한다. 보존도 엉망, 낡고 먼지가 가득했지만 이런 자연스러운 모습이 쫌펫 지구에 더 어울렸다. 왓 롱쿤에 자리한 강변에서 잠시 쉬고 있으니 어린아이 3명이 다가온다. 가방 속에서 사탕, 부채, 풍선을 선물로 건넨다. 오는 내내 아이들의 행복한 웃음이 곁에서 떠나지 않았다.

쫌펫 지구
어떻게 가야 할까?

1 국립왕궁박물관 뒤의 칸강변 쪽으로 이동해서 이 정표가 보이는 곳까지 간다.

2 이정표에서 선착장으로 내려가 배를 탄다.

3 메콩강을 건너면 쫌펫 지구다.

> **Tip** 왓 씨앙맨으로 이동하는 방법
>
> 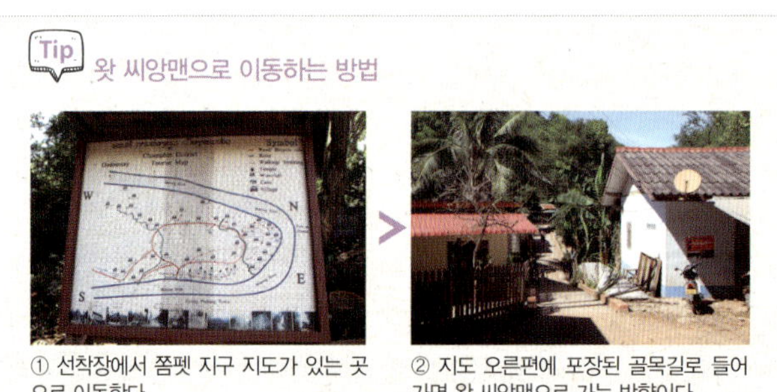
>
> ① 선착장에서 쫌펫 지구 지도가 있는 곳으로 이동한다.
>
> ② 지도 오른편에 포장된 골목길로 들어가면 왓 씨앙맨으로 가는 방향이다.

쫌펫 지구
어떻게 즐겨볼까?

왓 씨앙맨(Wat Xieng Maen)

1592년 처음 지어졌으며, 1867년 파방 불상이 태국에서 반환되던 길에 7일 동안 머물렀던 곳이다. 작은 규모지만 유리 모자이크 장식, 3단 지붕 등의 특징을 가지고 있다.

입장료: 1만K~

왓 쫌펫(Wat Chompet)

루앙프라방을 점령했던 태국이 1888년에 건설했으며 2개의 탑을 포함하고 있다. 사원에 가기 위해서는 123계단을 올라가야 한다. 사원은 보존이 되지 않아 볼품없지만 사원에서 멋진 루앙프라방과 메콩강을 볼 수 있다.

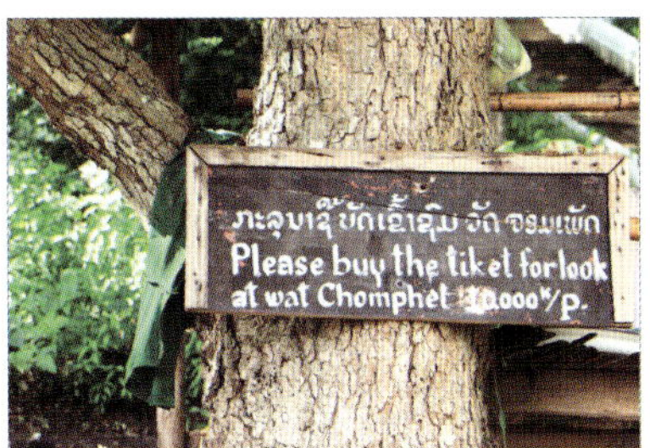

입장료: 1만K~

'축복의 노래'라는 의미로, 18세기에 건설되어 1937년 확장했다가 1994년 프랑스의 원조로 복원했다. 왕의 후계자가 즉위식을 치르기 전 3일간 머물며 목욕재계를 했던 곳으로 수행 후 메콩강변으로 가는 계단을 통해 내려가 배를 타고 건너편 왓 씨엥통으로 가서 즉위식을 거행했다. 본전 벽에는 부처님의 일대기를 다루고 있다. 사원 내에는 승려들이 머무는 승방이 있기 때문에 관람중 주의를 요한다.

루앙프라방 카페 즐기기

인디고 카페(Indigo Cafe)

라오스 현지 물가에 비해 가격이 비싸지만 탁 트인 전망 때문에 여행자들의 사랑을 받는 곳이다. 푸른 빛의 인디고 색상과 화이트 장식이 시원한 분위기를 만들어낸다. 무엇보다 커피 맛이 좋고, 빵이 촉촉해 인기다. 인디고 카페를 찾는 여행자들에게 가장 인기 있는 자리는 테라스가 있는 3층이다. 그래서 3층 테라스 자리에는 시간 제한이 있다.

영업시간: 07:00~23:00(테라스 운영시간 10:00~20:00) **위치:** 여행자 거리의 초입 **홈페이지:** www.indigohouse.la

러 카페 반 밧 세니(Le Cafe Ban Vat Sene)

갓 구운 빵과 오븐 구이, 과일 샐러드, 라오스 전통 음식으로 유명하며 분위기가 좋아 아침시간에는 항상 사람들로 붐빈다. 분위기 좋은 유럽 카페에 와 있는 듯한 느낌이 들 정도로 인테리어가 멋지다. 무료 와이파이가 된다.

영업시간: 06:30~22:00 **위치:** 여행자 거리의 중간 지점으로 왓 쎈 가기 전

르 바네통 카페(Le Banneton Cafe)

루앙프라방 사원 구경으로 지친 오후에 시원한 르 바네통 카페를 찾아보자. 진한 커피와 빵, 케이크, 크루아상과 함께 루앙프라방의 무더위를 피할 수 있다.

영업시간: 06:30~18:00 **위치:** 여행자 거리의 왓 쏩(Wat Sop) 맞은편

메콩강변 카페 즐기기

남콩 카페(Nam Khong Cafe)

훌륭한 경치와 함께 맛난 식사를 즐길 수 있다. 메콩강변에 자리한 남콩 카페는 알찬 가격에 커피와 과일, 빵 등을 즐길 수 있다. 특히 바나나로 만든 바나나 빵과 라떼, 뮤즐리가 인기 메뉴다.

영업시간: 07:00~23:00 **위치:** 국립왕궁박물관의 북쪽 메콩강변

칸강변 카페 즐기기

레톤제 책과 차(L'etranger Books and Tea)

대나무로 만든 친환경적인 인테리어가 여행자들의 시선을 사로잡는다. 한 잔의 차와 책, 멋진 예술품은 루앙프라방 최고의 휴식 장소라고 해도 될 정도다. 저녁시간에는 다큐멘터리 영화도 상영한다.

영업시간: 07:00~22:00 **위치:** 푸 씨 뒤쪽의 칸강변에서 라오라오 가든 옆

이곳을 더 알고 싶다,
라오스 남부 지역

팍세·시판돈을 알차게 즐기려면
꼭 알아야 할 것들

1. 비엔티안에서 팍세 가기

팍세는 비엔티안 남쪽에서 150km 떨어진 곳에 위치한다. 일반적으로 비엔티안에서 팍세로 가는 방법은 라오항공, 시외버스(로컬 버스, VIP 버스, 슬리핑 버스 등)가 있다. 팍세까지는 낮에 출발하는 일반 버스와 저녁에 출발하는 슬리핑 버스가 있다. 비엔티안 남부 터미널에서 오전부터 저녁까지 하루 최대 9회 운영된다.

라오스 남부의 최대 도시인 팍세에는 시내에서 5km 떨어진 거리에 팍세국제공항(Pakse International Airport)이 있다. 국제선(호치민·시엠립·방콕)과 국내선(비엔티안·루앙프라방·사반나케트) 노선을 운항하고 있다. 라오항공 홈페이지(www.laoairlines.com)나 비엔티안 소재 여행사를 통해서 예약하고 발권할 수 있다. 보통 비엔티안에서 팍세까지 왕복 $200 정도에 이용할 수 있다.

팍세를 찾는 대부분의 관광객은 다른 도시에서 출발하는 슬리핑 버스를 타고 아침에 도착하기 때문에 팍세에서 숙박할 예정인 여행자라면 숙소를 사전에 예약하는 것이 좋다.

> **Tip** 팍세는 참파삭 주의 주도로 1905년 프랑스령 행정기구로 처음 형성되었다. 참파삭 왕국으로 명맥을 유지하다 1946년 라오스 인민민주공화국이 건설되면서 왕국은 폐지되었고 지금은 라오스 남부 지방의 상업중심지 역할을 수행하고 있다. 팍세는 태국, 캄보디아를 넘기 위한 여행자들의 쉼터 역할도 해서 배낭 여행자들이 점점 몰려들고 있다. 여행자를 위한 게스트하우스, 바, 레스토랑, 여행사가 빠르게 증가하고 있다. 또한 볼라벤 고원, 왓 푸, 시판돈의 일일투어 프로그램도 인기 관광 상품이다.

슬리핑 버스라고 모두 상태가 좋지는 않다. 그 중에서도 'king of bus' 라고 적힌 버스가 좋다. 'king of bus' 중 번호판이 9999, 1222, 5999인 것이 상태가 더 좋은 버스다. 버스 뒷자리는 화장실이 있기 때문에 앞 자리를 선택하는 것이 좋다. 그리고 이동하는 버스는 에어컨 때문에 추우니 버스 탑승 전 두꺼운 옷을 준비하자.

2. 팍세 시내교통

팍세는 시내에 숙소나 레스토랑이 몰려 있고 도보로 이동이 가능한 작은 도시다. 다 만 팍세 근교 지역으로 가기 위해서는 썽태우나 오토바이, 자전거, 여행사 일일투어 등을 이용한다. 또한 공항·터미널 등으로 이동할 때도 툭툭이나 썽태우를 이용한다. 일반적으로 1인 3만K 정도다. 그리고 오토바이는 일부 호텔이나 팍세 트래블, 그린 디스커버리 등에서 빌릴 수 있다. 1일 렌트 비용은 자동 오토바이 기준으로 10만K 정도다.

3. 팍세 시외버스 터미널

팍세에는 버스 정류장이 5곳 있다. 그러나 북쪽으로 7km 떨어져 있는 북부 터미널 과 여행자들이 가장 많이 이용하는 남부 터미널, 슬리핑 버스 출발 장소인 VIP 터미 널이 대표적이다. 북부나 남부 터미널에서는 툭툭을 이용해서 시내로 들어오며 남 부 터미널이나 VIP 터미널에서는 도보로 시내까지 이동이 가능하다. 버스 표는 터 미널뿐 아니라 시내 여행사에서도 구매할 수 있다. 비용이 크게 차이가 없기 때문에 여행사를 통해 구매하는 것이 편하다.

북부 터미널

비엔티안·타켁(Thakhek)·사바나켓(Savannakhet) 등으로 가는 버스가 운행된다. 팍세 시내에서 북쪽으로 7km 떨어진 곳에 있다. 터미널까지의 요금은 툭툭으로 3만K 정도이며, 소요시간은 20분가량이다.

목적지	버스	요금	출발시간	소요시간
비엔티안	로컬(완행)	11만K~	06:00~18:00(매시마다 출발) – 사바나켓 경유	15시간
	슬리핑	17만K~	20:00 – 사바나켓 경유	15시간
타켁	로컬(완행)	6만K~	06:00~18:00(매시마다 출발)	6시간

남부 터미널

태국의 방콕, 우본라차타나, 캄보디아의 프놈펜, 씨엠립, 스텅트렝을 가는 국제버스와 라오스의 비엔티안과 타켁, 사바나켓, 살라반(Sallavan) 등으로 가는 버스가 운행된다. 팍세 시내에서 동쪽으로 8km 떨어져 있고, 터미널까지 요금은 툭툭으로 3만K 정도다. 소요시간은 20분가량 걸린다.

목적지	버스	요금	출발시간	소요시간
비엔티안	로컬(완행)	11만K~	06:00~18:00(매시마다 출발) – 북부 터미널 경유	15시간
타켁	로컬(완행)	6만K~	06:00~18:00(매시마다 출발)	9시간
사바나켓	로컬(완행)	4만K~	06:00~18:00(매시마다 출발)	5시간
살라반	로컬(완행)	3만K~	07:45, 09:15, 11:00, 13:00	3시간

VIP 터미널(짬빠송 터미널)

비엔티안으로 향하는 슬리핑 버스가 출발하는 장소로 매일 저녁 8시 30분에 출발한다. 경유 없이 직통으로 이동한다. 비용은 1인 17만K 정도다.

4. 팍세 숙소

▶ 참파삭 그랜드 호텔(Champasak Grand Hotel)

메콩강가에 위치한 곳으로, 팍세에서 가장 최고급 호텔
이다.

◆ 홈페이지: www.champasakgrand.com

▶ 사바이디2 게스트하우스(Sabaidy2 Guesthouse)

가정집을 개조해 만든 게스트하우스로 팍세를 찾는 배
낭 여행자들이 가장 많이 찾는 숙소다. 일일투어 프로그
램도 운영한다.

◆ 이메일: vongsabaidy@hotmail.com

▶ 알리사 게스트하우스(Alisa Guesthouse)

시내 중심가에 있으며 쾌적한 시설과 서비스를 제공한
다. 성수기에는 사전 예약 없이 빈방을 구하기는 힘들다.

◆ 이메일: alias_guesthouse@hotmail.com

▶ 팍세 호텔(Pakse Hotel)

시내 중심가에 위치하고 있으며 시설이 좋고 깨끗한 팍
세의 대표적인 호텔 중 하나다. 다만 객실이 좁다는 단
점이 있다.

◆ 홈페이지: www.paksehotel.com

▶란캄 호텔(Lankham Hotel)

중심가에 위치하고 있으며 도미토리부터 디럭스룸까지 운영하고 있다. 객실은 깨끗하며 직원들의 서비스도 좋다. 호텔 옆에는 팍세 트래블이 있다.

◆이메일: lankhamhotel@yahoo.com ◆홈페이지: www.lankhamhotel-pakse.com

▶성아른 호텔(Seng Aroun Hotel)

가격 대비 가성비 최고의 호텔이다. 중심가에 위치하고 있으며 깨끗한 객실로 만족도가 높다. 알리사 게스트하우스 맞은편에 있다.

◆이메일: sengarounhotelpakse@gmail.com

5. 돈 뎃 숙소

▶리틀 에덴 호텔(Little Eden Hotel)

돈 뎃에서 가장 최근에 지어진 깔끔한 호텔로 수영장까지 갖추고 있다. 가격은 라오스 물가에 비해 비싼 편이다. 비수기에도 $35 정도다. 호텔 강변에 레스토랑도 같이 운영하고 있다.

◆홈페이지: www.littleedenguesthouse-ondet.com

▶크레이지 게코(Crazy Gecko)

깨끗한 객실로 유명한 곳이며 레스토랑도 같이 운영하고 있다. 방 앞에 발코니 해먹도 있다. 선 라이즈 방향으로 진입해 2km 정도 걸어야 한다는 단점이 있다.

▶마마 레울스 선셋 게스트하우스(Mama Leurth Sunset Guesthouse)

선셋 방향으로 들어와서 2~3분이면 도착하는 거리에 있다. 여행자 거리와도 가깝다. 신축 게스트하우스로 깨끗한 시설을 자랑한다.

Tip 돈 뎃 선착장에서 내려 100여m 이동하면 두 갈래 길 중 오른쪽으로는 선셋 뷰의 숙소가, 직진하면 선라이즈 뷰의 숙소가 이어져 있다. 가격과 객실 상태가 다양하기 때문에 이동하면서 숙소를 정하면 된다.

볼라벤 고원

Bolaven Plateau

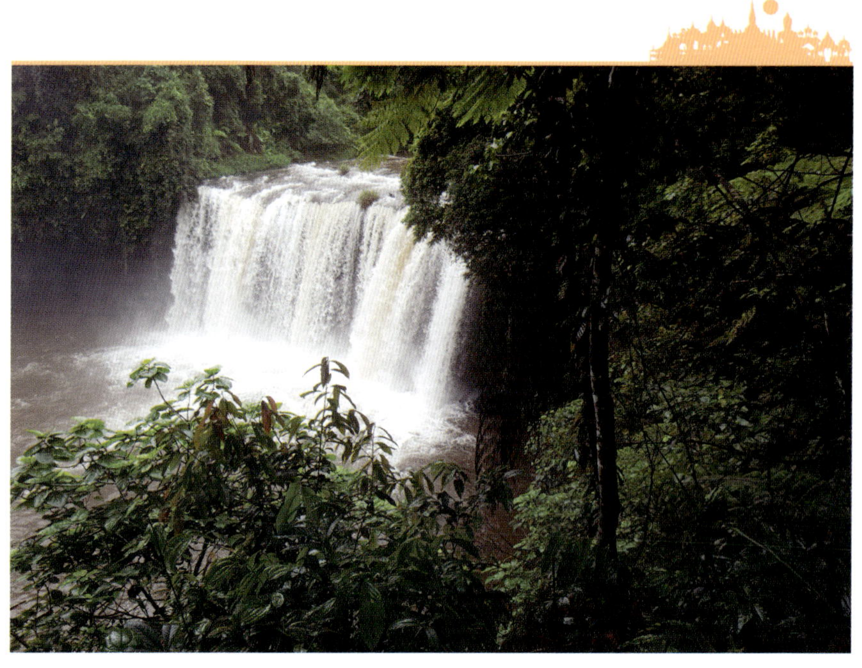

팍세에서 동쪽으로 40km 정도 이동하면 팍송의 볼라벤 고원이 나온다. 이곳에서는 몽족과 크메르족이 거주하며 지금까지 전통적인 제사 방법을 유지하고 있다. 매년 3월 보름에 진행되는 물소 제사는 추수 결과에 따라 희생되는 물소의 수를 정하는데 보통 1~4마리의 물소가 희생된다. 볼라벤 고원은 해발고도가 1천m를 넘는 덕분에 20세기 초 프랑스가 고무, 바나나, 커피 등의 산업을 시작하면서 현재까지 커피 재배지역으로도 유명하다. 전 세계적으로 커피 가격이 하락하고 있어 소규모로만 재배하고 있지만 품질만큼은 우수하며, 과일·생강 등도 같이 기르고 있다.

볼라벤 고원은 제대로 구경하려면 4~5일 정도가 소요된다. 대부분 여행자들이 볼라벤 고원을 찾을 경우 여행사 일일투어 프로그램을 이용하는데, 개인적으로 찾을 경우에는 하루에 둘러볼 수 있는 탓 느앙(Tad Gneuang) 폭포, 탓 참피(Tad Champee) 폭포, 커피 농장 등을 방문한다. 팍세 지역의 놓칠 수 없는 관광지인 볼라벤 고원을 찾아 북부와는 다른 남부의 멋을 담아보자.

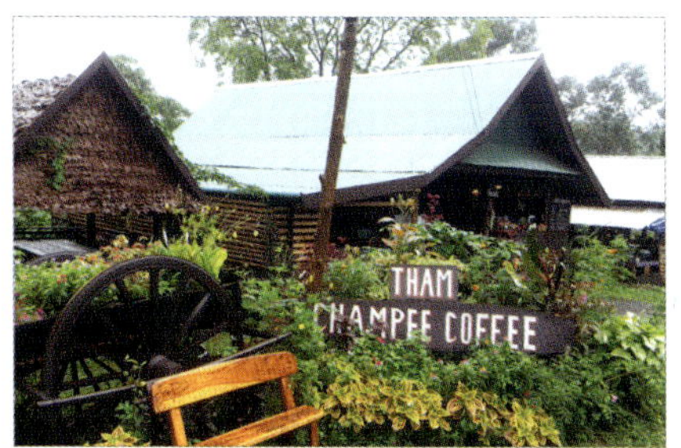

이용 안내

◆ **운영시간:** 08:00~16:00　◆ **입장료:** 탓 판 폭포 5천K(오토바이 주차료 3천K), 탓 느앙 폭포 1만K(오토바이 주차료 5천K)

Tip **볼라벤 고원의 일일투어 프로그램**

① 팍세 여행사(팍세 트래블, 그린 디스커버리 등)에서 예약한다. 1인 18만K부터이며 식사는 불포함이다.
② 오전 8시부터 오후 5시까지 폭포와 커피 농장, 현지인 마을, 민속촌 등을 둘러본다.
③ 점심식사는 추가로 지불한 후 폭포 앞 식당에서 한다.

동영상 **라오스 커피 주산지 '볼라벤 고원'**

느낌 한마디

초행길이라 두렵기도 했지만 오토바이를 렌탈해보았다. 달리는 동안 제일 먼저 반겨준 것은 파인애플 노점들이었다. 한국 돈으로 1천 원도 되지 않는 가격으로 꿀맛 같은 파인애플에 취해본다. 갑자기 눈이 아플 정도의 스콜이 내려 잠시 동네 가게로 비를 피했다. 가게에서 바라보는 스콜은 또 다른 여행의 묘미였다. 폭포에 도착하니 저 멀리 천둥 치는 소리가 들렸다. 눈을 의심할 정도의 강력함에 심장이 떨려왔다. 자연의 힘에 잠시 넋을 잃었다. 폭포는 입이 벌어질 정도로 장엄했다. 폭포를 구경한 후 커피 농장으로 이동했다. 이렇게 가까이서 커피 열매를 보니 신기했다. 또 다른 폭포를 구경했다. 아담했다. 폭포 아래 물은 살을 에는 듯 차가웠다. 마치 여기가 무릉도원인 듯했다.

탓 느앙 폭포

어떻게 가야 할까?

▶ 오토바이로 가는 방법

① 팍세 시내에서 팍송(Pakxong) 이정표를 보고 이동한다.

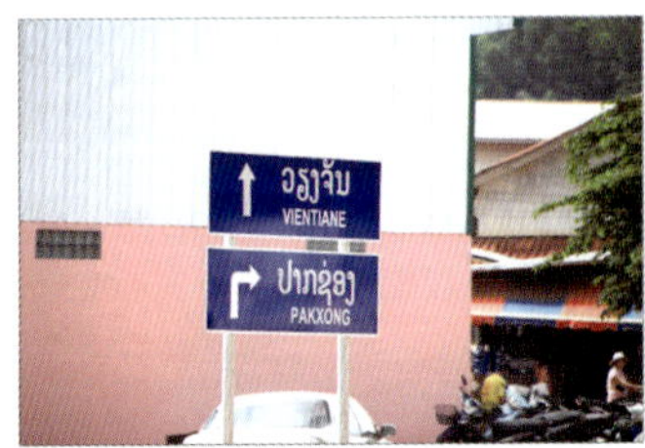

② 팍세 시내의 북부 터미널을 지나 로터리에서 팍송 방향으로 우회전한다.

③ 직진하면 파인애플 노점들이 있다.

④ 탓 느앙(Tad Gneuang) 폭포 이정표를 보고 골목길로 우회전하면 탓 느앙 폭포다.

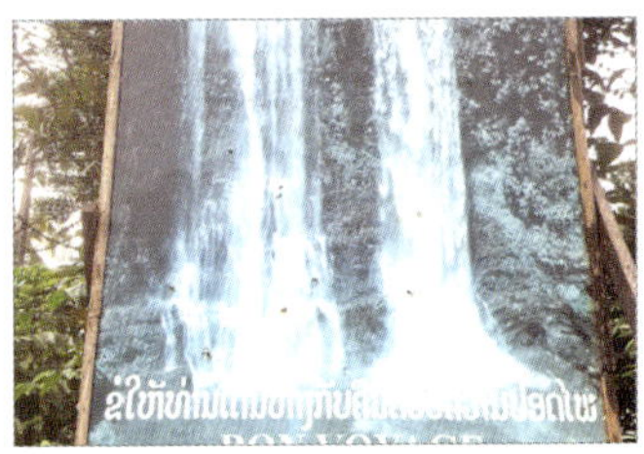

Tip 팍세에서 볼라벤 고원까지 동쪽으로 40km 정도를 가야 한다. 길은 일직선으로 잘 닦여 있기 때문에 팍송(볼라벤 고원)까지 가는 데는 문제없지만 1시간 30분 이상을 이동해야 한다는 단점이 있다. 그래도 주위 라오스 경관을 제대로 느낄 수 있다는 장점이 있다. 오토바이 여행자는 출발 전 선글라스, 마스크를 준비해야 하며 기름은 가득 채우고 출발하자. 오토바이 렌탈료는 자동은 10만K 정도, 수동은 6만K 정도다.

볼라벤 고원

어떻게 즐겨볼까?

탓 참피 폭포

폭포가 높지는 않지만 떨어지는 모습이 장관을 이룬다. 폭포 아래에서는 구명조끼를 대여해서 수영을 즐길 수도 있다. 우기 때는 폭포가 더 멋지다. 입구에는 커피와 음료를 즐길 수 있는 카페가 있다.

입장료: 5천K~ **오토바이 주차료**: 3천K~

커피 농장

소규모로 커피가 재배되는 농장이다. 천천히 산책하듯이 커피 농장을 구경하는 것만으로도 여행의 묘미를 느낄 수 있다.

입장료: 1만K~ **오토바이 주차료**: 5천K~

탓 느앙 폭포

두 줄기로 떨어져 내리는 폭포 소리가 우렁차다. 폭포 아래는 입장 금지이며 떨어지는 포말이 마치 비가 내리는 듯 시원하다. 폭포 입구에는 바나나 구이를 먹거나 커피를 마실 수 있는 식당이 있고 커피 원두, 석청도 구매할 수 있다.

왓 푸

Wat Phou

팍세에서 남쪽으로 40km를 이동하면 참파삭(Champasak)이 나온다. 참파삭은 1946년까지 참파삭 왕국의 수도였던 곳으로 2001년 세계문화유산으로 지정된 크메르 양식의 왓 푸가 있다. 크메르인은 7세기경 푸 카오(phu kao) 산꼭대기 바위에서 2km 앞 메콩강까지를 기준으로, 반경 10km까지 수로시설, 사원, 사당을 계획적으로 건설해 13세기경 거대한 크메르 왕국을 건설했고, 13세기에 이르러서는 캄보디아에 앙코르 왕국을 건설했다.

왓 푸는 힌두교 사원이었지만 15세기 불교를 받아들이면서 힌두사원과 불상이 혼재하게 되었다. 중앙 신전 벽면에는 비슈누를 비롯한 힌두신의 조각과 링가(linga) 상이 남아 있으며, 주 신전을 비롯한 곳곳에는 불상들이 공존한다. 박물관을 지나 입구로 들어서면 인공 저수지였던 바라이(Baray)가 있다. 입구에는 시바신을 상징하는 링가상이 도열되어 있으며 뒤로는 봉우리가 링가를 닮은 푸카오 산이 있다. 불교와 힌두교의 모습이 가장 많이 산재되어 있는 곳이 바로 중앙신전이다. 입구부터 푸카오까지는 1,400여m의 거리이며 가운데 축을 기준으로 양쪽으로 나누어지는 건축물 형태로 조성되어 있다.

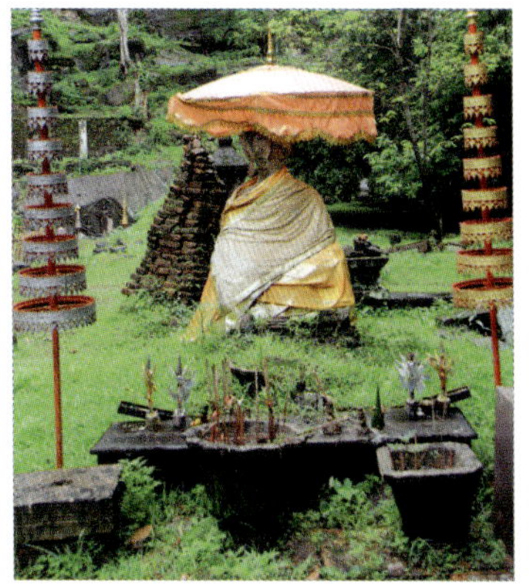

이용 안내

◆ **운영시간:** 08:00~16:30 ◆ **전동차 이용료:** 5만K~(어린이 무료)

Tip 왓 푸의 일일투어 프로그램
① 팍세 트래블, 그린 디스커버리 등의 팍세 여행사에서 일일투어 프로그램을 예약할 수 있다. 식사를 포함하지 않은 것으로 1인당 18만K 정도다.
② 미니밴을 타고 왓 푸로 이동한 후 관람한다. 왓 푸 입장료는 별도다.

동영상 세계문화유산 '왓 푸'

느낌 한마디

왓 푸로 가는 길에는 모를 심는 사람들과 맨발로 뛰어다니는 아이들, 소가 자유롭게 돌아다니는 모습들이 어우러져 한 폭의 동양화를 만들고 있었다. 이른 시간이라 한산했다. 입구까지 이동하는 전동차 이용료를 내고 들어갔다. 도열된 남근상과 뒤편의 푸카오 산이 압도적인 위용을 자랑하고 있다. 군데군데 쓰러진 석상들이 세월의 흔적을 고스란히 보여주었다.

남쪽 궁에서는 복원 작업이 한창이었지만 인력이 부족해 복원이 될지 의심스러울 정도였다. 중앙신전 벽면에는 힌두교 잔재가 남아 있었는데, 그 사이에 억지로 불교 석상들을 끼워놓은 것이 안타까웠다. 여기서도 라오스인들은 꽃 하나에 의지한 채 그들의 안전과 번영을 기도하고 있었다. 이제 왓 푸는 라오스인들의 경배를 위한 성지였다. 신전에서 입구 쪽을 바라본다. 일자형의 링가상이 장관이었다. 크메르인들은 무엇을 얻기 위해 이 거대한 왓 푸를 건설했을까? 그리고 흔적 없이 어디로 사라졌을까?

왓 푸

어떻게 가야 할까?

1. 팍세 시내에서 출발해 참파삭 방향으로 이동하다가 왼편에 체육관이 보이면 우회전한다.

2. 참파삭 그랜드 호텔을 지난다.

3. 태국 국경으로 가는 다리를 건넌다.

4. 포장도로로 약 3km 직진한 후 중앙선이 그려진 도로로 좌회전한다.

(5) 통행료를 지불하는 톨게이트를 두 군데 지난다.
다만 오토바이는 무료다.

(6) 중앙선이 없는 1차선이 나오면 나무 다리를 2번
지난다.

(7) 직진하면 왓 푸 입구다.

 팍세 최고의 일몰 뷰 포인트

참파삭 그랜드 호텔을 지나 국경 다리를 건너면 왼편에 큰 좌불상이 있다. 해
질 녘 좌불상에서 바라보는 일몰은 팍세에서 최고의 경관을 자랑한다.

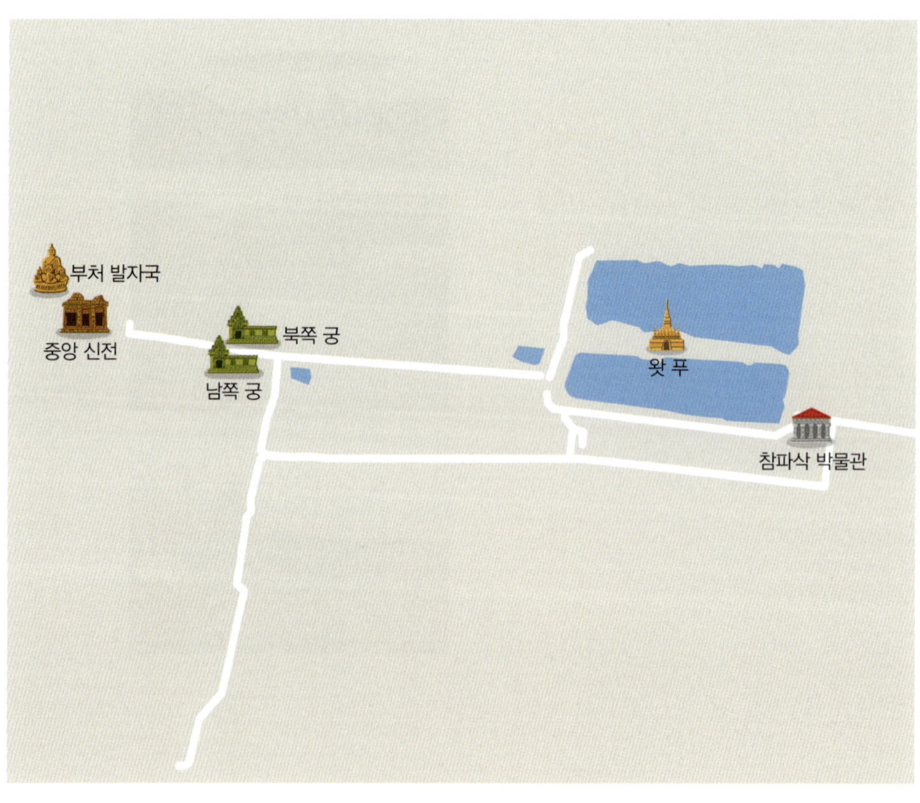
부처 발자국
중앙 신전
북쪽 궁
남쪽 궁
왓 푸
참파삭 박물관

왓 푸

어떻게 즐겨볼까?

참파삭 박물관의 오른쪽 전시관에서는 사진과 함께 왓 푸 유적지의 설명을 볼 수 있다. 왼쪽 전시관에는 힌두교 신(비슈누·가루다 등)과 부처의 조각상이 있다.

박물관을 지나면 식수나 농업 용수 공급을 위해 사용했던 바레이가 있다.

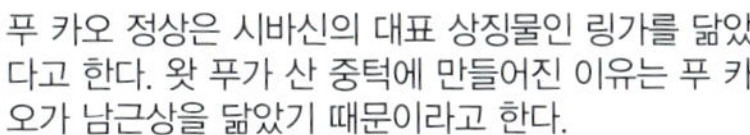

입구에는 시바신을 상징하는 링가상이 도열해 있다. 링가는 번영과 생식을 상징하는 남근상으로 힌두교 최고신인 시바신을 표현한 상징물이다. 현재 있는 링가들은 지진으로 파괴된 것을 최근에 복원한 것이다. 링가 좌우에는 2개의 바레이가 있지만 현재는 물풀들만 무성하다.

푸 카오 정상은 시바신의 대표 상징물인 링가를 닮았다고 한다. 왓 푸가 산 중턱에 만들어진 이유는 푸 카오가 남근상을 닮았기 때문이라고 한다.

좌우에 북쪽 궁과 남쪽 궁이 있다. 궁은 순례자들이 사용했던 건물이라고 한다.

진입로에는 입구의 수호자인 나가상이 있다. 불교에서 나가는 수행중인 부처님을 천둥으로부터 보호하는 역할을 했다고 한다. 반면에 힌두교에서는 인도의 뱀신으로, 물을 상징하며 7개의 머리를 가진 코브라를 형상화한 것이다.

중앙 신전은 전형적인 크메르 양식의 건축물로 입구에는 수문장(드바라팔라) 부조가 그대로 남아 있으며 벽면에는 가루다를 타고 있는 비슈누신, 삼위일체 신론인 시바·비슈누·인드라 신상의 힌두교 삼신상(Trimurti) 부조가 있다.

시암족이 불교를 전파하면서 힌두교신의 석상이 불상으로 대체되었으며, 현재는 힌두 양식의 건축물에 불상이 함께 있는 곳이 되었다. 라오스인들의 성지와도 같으며 불상은 경배의 대상이다. 특히 신전 옆 불상은 참파삭 마을에서 만들어놓은 것이다.

왓 푸 구석구석 둘러보기

중앙 신전의 정면 위에는 머리가 3개인 코끼리를 타고 있는 인드라가 있다.

중앙 신전의 오른쪽 벽면에는 가루다를 타고 있는 비슈누가 새겨져 있다.

다양한 신들이 하나의 근원에서 나온 것임을 상징적으로 보여주는 삼위일체신론인 힌두교 삼신상 부조가 있다.

푸 카오에서 내려오는 지하수다. 라오스인들은 이 물이 푸 카오 꼭대기(남근상을 의미)에서 내려오기 때문에 신성시한다.

부다의 발과 코끼리 형상이 새겨져 있다.

산기슭 뒤쪽의 악어 부조에서는 매년 6월 악의 여신인 칼리에게 순결한 처녀를 바쳤다는 전설이 있다.

뱀 형상으로 조각해 계단을 만들어놓았다.

시바신을 상징하는 링가의 코끼리 바위다.

팍세에서 가장 유명한 쌀국수 음식점,

란캄 누들 수프

Lan Kham Noodle Soup

쌀국수는 밀이 풍부했던 동북아에 비해 열대 지방 특성상 안남미 쌀이 풍부하게 자라면서 자연스럽게 동남아 지역에 발달한 음식이다. 깔끔하고 깊은 맛의 육수에 각종 향신료, 쇠고기, 닭고기, 숙주나물 등을 넣어 먹는다. 쌀을 반죽해 만든 쌀국수는 밀가루로 만든 국수에 비해 칼로리가 낮고 소화가 잘 된다는 장점이 있다.

란캄 누들 수프는 숙소가 몰려 있는 팍세 중심부에서 가장 유명한 쌀국수 가게다. 시원한 육수에 다진 고기로 만든 미트볼과 고기가 고명으로 올려져 나온다. 쌀국수를 좋아하지 않는 여행자는 이곳의 샌드위치로 식사를 대신하자. 샌드위치 맛도 일품이다. 담백한 국물이 특징인 란캄 누들 수프를 방문해 든든한 쌀국수의 향연에 취해보자.

	Noodle soup no meat	15,000 ກີບ
	Meat soup	20,000 ກີບ
	Small beef noodle	20,000 ກີບ
	Big beef noodle	25,000 ກີບ

Sandwich Menu

	Baguette with Nutella	13,000 ກີບ
	Lao baguette sandwich	13,000 ກີບ
	Bread with fried egg and Butter	13,000 ກີບ
	Scrambled egg sandwich	13,000 ກີບ
	Tuna sandwich	13,000 ກີບ

Beverage

		ຮ້ອນ/Hot	ເຢັນ/Cold
	Lao Black Coffee	10,000ກີບ	12,000ກີບ
	Lao coffee with milk	10,000 ກີບ	12,000ກີບ
	Ovaltine	10,000 ກີບ	12,000ກີບ
	Orange Juice		12,000ກີບ
	Water		2,000ກີບ
	Pepsi Can		6,000ກີບ
	Beer Lao Can 330ml		7,000ກີບ
	Beer Lao Bottle		10,000ກີບ

이용 안내

◆ **영업시간:** 07:00~14:00 ◆ **가격:** 쌀국수 1만 5천K ◆ **위치:** 란캄 호텔 1층

📝 느낌 한마디

이른 시간임에도 식당 안은 사람들로 가득했다. 한국 관광객도 보였는데, 그들은 쌀국수 대신 샌드위치와 커피로 아침을 대신했다. 얼음이 들어간 차 한 잔이 먼저 나왔다. 아침부터 시작된 무더위를 잊게 할 정도로 시원했다. 쌀국수를 주문한다. 국물은 깔끔하고 담백했으며 무엇보다 고명으로 올려진 미트볼이 굉장히 맛있었다. 고기가 들어간 미트볼의 부드러움은 마치 어묵을 먹는 듯했다. 군더더기 없는 깔끔함에 기분 좋은 식사를 하고 팍세의 근교 여행에 나서본다.

스프링롤의 진수를 보여주는 레스토랑,
쑤언마이
Xuanmai

쑤언마이는 베트남 음식 전문 레스토랑이다. 쌀국수, 파파야 샐러드 등 다양한 메뉴를 판매하고 있지만 그 중에서도 가장 인기 있는 메뉴는 바로 스프링롤이다. 이곳의 자랑거리 중 하나인 스프링롤은 보기에도 먹음직스러울 만큼 바삭하게 구워져 나온다. 한 입 베어 물었을 때의 아삭한 식감이 먹는 재미를 더한다. 베트남의 대표 음식인 넴느엉도 판매하고 있어 만약 비엔티안에서 넴느엉을 맛보지 못한 여행자라면 이곳에서 즐겨보자. 쑤언마이만의 색다른 넴느엉을 맛볼 수 있을 것이다.

쑤언마이는 그린 디스커버리 여행사 바로 옆에 위치해 있어 찾기에 어렵지 않다. 저렴한 가격으로 풍성한 한 끼를 즐기고 싶다면 팍세에서 스프링롤이 가장 맛있는 쑤언마이를 찾아가보자.

이용 안내

◆ **영업시간:** 06:00~23:30 ◆ **가격:** 넴느엉 3만K~, 스프링롤 2만 5천K~ ◆ **위치:** 그린 디스커버리 여행사를 정면으로 보고 왼쪽으로 한 블록

📝 느낌 한마디

라오스 여행을 오래 하다 보니 기름에 튀긴 음식이 먹고 싶어졌다. 바삭거리는 스프링롤의 식감은 자꾸 손이 가게 만들었다. 결국 추가로 한 접시를 더 주문했다. 무엇보다 스프링롤의 얇은 피가 일품이었다. 넴느엉은 비엔티안에서 먹었던 것과는 또 다른 맛이었다. 물에 젖은 라이스페이퍼에 넴느엉과 야채를 싸서 소스에 찍어 먹는다. 쑤언마이만의 특제 소스가 절묘하게 어우러져 향미가 깊었다. 넴느엉과 스프링롤로 최고의 식사를 즐겨본다.

다오린

Dao Linh

라오스, 타이, 베트남, 유럽 음식까지 제공하는 퓨전 레스토랑으로, 가격이 저렴할 뿐만 아니라 간단한 잡화나 비스킷도 판매한다. 가격 대비 음식 만족도가 높고, 여행자 거리에 있는 식당 중에서 가장 많은 사람들이 찾는 곳이기도 하다. 고기·야채·찹쌀밥이 나오는 세트 메뉴부터 죽순으로 만든 건강식과 스테이크까지 저렴한 가격으로 맛있는 음식을 먹을 수 있다.

라오스 음식에 지친 여행자는 유럽 스타일의 스파게티를 먹어보자. 유명한 여행 평가 사이트에도 팍세 맛집으로 소개된 다오린은 가격, 서비스, 맛에서 모두 만족스러운 식당이다. 먹을거리가 부족한 팍세에서 알찬 메뉴로 최고의 식사를 즐겨보자.

이용 안내

◆**영업시간:** 08:00~22:00 **가격:** 라오 음식 2만K~, 스테이크 2만 5천K~ ◆**주소:** Road 13, Corner of Road 24, The Luang Quarter, Pakse ◆**가는 방법:** 팍세 트래블을 정면으로 보고 왼쪽으로 직진 후 사거리에서 왼쪽에 위치

Tip 다오린의 버스 및 미니밴 예약서비스

다오린에서는 다른 도시로 이동하는 버스나 시판돈으로 이동하는 미니밴 서비스를 예약할 수 있다. 벽면에 적혀 있는 가격표를 꼼꼼히 따져 이용해 보는 것도 방법이니 활용하도록 하자. 

동영상 여행자 거리의 맛집 '다오린'

느낌 한마디

메뉴판에 적혀 있는 가격이 생각보다 아주 저렴했다. 가격 대비 질이 떨어질 것이라는 우려는 음식을 한 입 먹자마자 말끔히 사라졌다. 추천받은 고기와 야채 세트 메뉴를 주문했다. 많은 양은 아니었지만 쪄서 나온 야채는 아삭한 식감이 그대로 살아 있었고 잘 구워진 고기는 쫄깃하고 맛났다. 생과일 주스는 길거리에서 파는 주스보다 가격이 저렴했고, 진한 농도로 팍세의 더위를 물러가게 했다. 낯선 여행지에서는 항상 현지인들이 주문한 음식이 무엇인지 관찰하게 된다. 옆 테이블의 스파게티가 맛있게 보인다. 내일은 스파게티로 도전해야겠다.

스파게티가 일품인 대표 레스토랑,

사바이디 팍세

Sabaidee Pakse

여행자 거리를 지나다 보면 밤늦은 시간까지 가장 환하게 불이 밝혀진 레스토랑이 있다. 사바이디 팍세는 다오린과 함께 현지인과 관광객이 가장 많이 찾는 식당이다. 라오스, 태국, 중국, 유럽 스타일로 메뉴도 다양하다. 쌀국수, 볶음밥, 스파게티, 넴느 엉, 불고기 요리 등이 판매되고 있으며, 저렴하면서도 그 맛은 최고다. 특히 식당에 서는 다른 도시로 이동하는 교통편을 예약받기도 한다.

와이파이도 무료이기 때문에 편하게 인터넷을 즐길 수도 있다. 라오스 음식에 지 친 여행자들에게는 스파게티를 추천한다. 소스 맛도 특별하다. 특히 면이 쫄깃하고 맛있다. 사바이디 팍세에서 다양한 종류의 음식을 먹어보자.

◆ **영업시간:** 08:00~22:00 ◆ **가격:** 스파게티 2만 5천K~ ◆ **위치:** 다오린 맞은편

Tip 들러볼 만한 팍세의 카페

 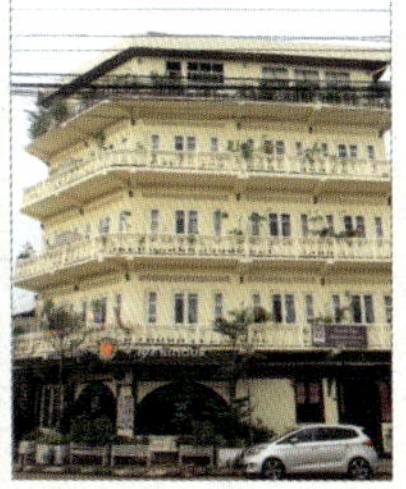

팍세에서 슬리핑 버스 도착지인 VIP 터미널에서 내려 왼쪽으로 이동하면 유럽 스타일의 고급스러운 느낌의 카페를 2곳 만나볼 수 있다. 왼쪽의 카페 시눅은 유기농 커피인 시눅 커피의 직영점으로 화려한 외관과 고급스러운 실내 인테리어를 자랑한다. 오른쪽에 위치한 파리지엔 카페는 빙수, 아이스 라떼, 크로와상, 커피 등이 맛있기로 유명하다. 동남아에 운영되는 체인점으로 팍세에서도 고급스러운 카페를 지향하고 있다.

📝 느낌 한마디

자리를 잡고 스파게티와 넴느엉을 주문한다. 넴느엉은 기름진 음식임에도 담백했고 스파게티는 소스와 쫄깃한 면이 잘 어우러진 특별한 맛이었다. 넴느엉은 맥주 안주로도 손색이 없었다. 비어라오와 넴느엉의 특별한 조합이 팍세에서의 마지막 일정을 더욱 여유롭게 한다. 무엇보다 가장 큰 장점은 가격이다. 이렇게 많은 음식을 주문해도 10만K(한화 약 1만 4천 원)을 넘지 않으니 마지막 만찬을 풍성하게 즐긴 기분이다.

4천 개의 섬으로 이루어진 미지의 세계,

시판돈

Siphandon

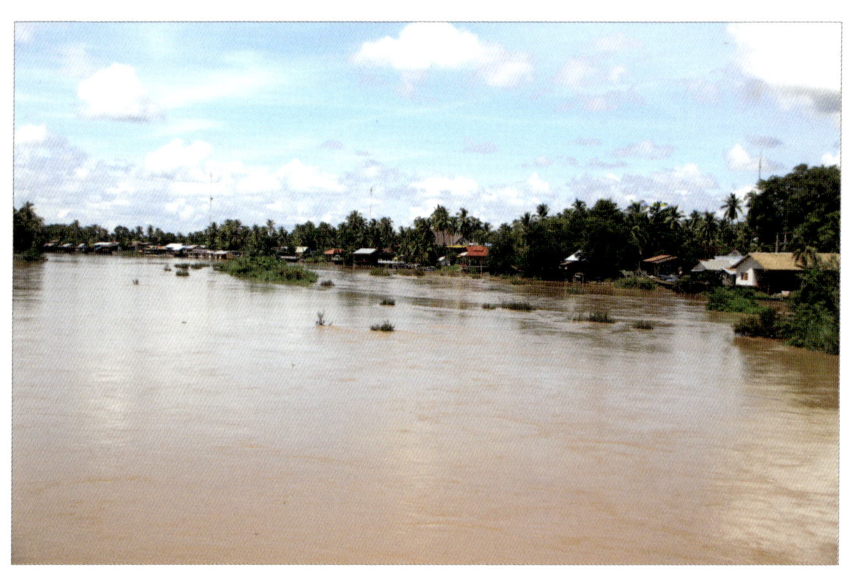

시판돈은 라오스 남부 참파삭주 메콩강변의 군도로, 4천 개의 섬으로 유명하며 우기에는 반 이상의 섬이 메콩강에 잠기기도 한다. 여행자가 갈 수 있는 곳은 3개 섬으로 제일 큰 '돈 콩(Don Khong)', 배낭여행자들이 가장 많이 찾는 '돈 뎃(Don Det)'과 '돈 콘(Don Khone)'이다. 돈 뎃은 라오스의 끝자락이자 캄보디아와 국경이 맞닿아 있다. 여행자들은 대부분 돈 뎃에서 짐을 풀고 자전거를 빌려 돈 콘을 구경한다.

물론 그 반대로 돈 콘에 숙소를 정하고 돈 뎃으로 이동해도 된다. 다만 돈 뎃과 돈 콘을 잇는 프렌치 다리(French Bridge)를 건널 때 통행세(3만 5천K)를 지불해야 한다. 시판돈은 아직도 많은 여행자들에게 알려지지 않은 미지의 세계로 현지인들이 사는 모습을 가장 가까이에서 경험할 수 있는, 여행자의 힐링을 위한 최적의 장소다.

시판돈의 일일투어

일정이 짧은 여행자들은 시판돈에
숙소를 정하지 않고, 팍세에서 출발
해 시판돈의 돈 뎃 일정을 소화한 후
다시 팍세로 돌아가는 여행사 일일
투어 프로그램을 이용하기도 한다.

**미지의 섬
'시판돈'**

느낌 한마디

돈 뎃은 시골동네라서 머무는 동안 먹을거리를 찾는 일이 가장 힘들었다. 일부 여행지에서의
시설 좋은 식당에 비해 돈 뎃의 식당들은 열악했다. 정보 없이 식당을 찾았다가 메뉴판에서 '프
라이드 치킨'을 보고 한국식 치킨을 생각했는데, 막상 시켜보니 실망스러워서 그대로 남겨둔 적
도 있었다. 돈 뎃에서 무엇을 먹으면 실패하지 않을지 식당을 찾아다니며 먹던 중 유일하게 실
패하지 않을 음식이 볶음밥이라는 것을 알았다. 그런데 며칠 동안 볶음밥을 먹고 나니 입에서
단내가 나는 느낌이었다. 그래서 출발 전날 인도 식당을 찾았다. 인도 식당에서 먹은 카레와 밥,
난은 꿀맛이었다. 먹을거리가 부족한 돈 뎃에서 오아시스와도 같았다. 돈 뎃을 찾은 여행자들
이 메뉴판에 그려진 사진대로의 화려한 음식을 기대하지 말았으면 한다. 시판돈을 찾을 예정이
라면 출발 전에 다양한 간식거리를 준비하는 것이 최선의 방법이다.

시판돈
어떻게 가야 할까?

① 1인당 6만 5천K 정도를 지불하면 예약 날짜에 숙소로 픽업하러 온다. 미니밴을 타고 반나까상까지 2시간 30분 이동한다. 팍세에서 오전 8시와 오후 1시에 하루 2번 출발한다.

② 여행사에서 받은 예약 티켓을 반나까상에 도착한 후 보트 표로 바꾼다. 팍세에서 받은 예약 티켓은 버리지 말고 끝까지 가지고 있어야 한다.

③ 선착장에서 보트를 탄다.

④ 보트를 타면 돈 콩(Don Khong), 돈 뎃(Don Det), 돈 콘(Don Khone) 순으로 내려준다. 돈 콩과 돈 콘의 발음이 비슷하기 때문에 실수 없이 목적지를 알려준다.

시판돈

어떻게 즐겨볼까?

돈 뎃에서 돈 콘까지

자전거를 1일 렌트한 후 돈 뎃과 돈 콘을 둘러본다. 비포장길이지만 가장 라오스다운 전원의 모습을 감상할 수 있으며 라오스인들의 생활상을 가장 가까이에서 체험할 수 있다.

프렌치 다리(French Bridge)

돈 뎃과 돈 콘이 만나는 다리는 일몰을 보기 좋은 곳이다. 다리를 건널 때는 다리 통행세(1인 3만 5천K)를 낸다. 통행 영수증으로 탓 솜파밋 폭포를 무료로 입장할 수 있다.

탓 솜파밋 폭포 공원

폭포로 들어오는 입구에는 대나무로 조성된 공원이
마련되어 있다.

탓 솜파밋 폭포(Tad Somphamit Waterfalls)

'리피 폭포'라고도 한다. 폭포를 구경하고 해변 쪽으
로 이동하면 방갈로 휴식 공간이 마련되어 있다. 방
갈로는 무료로 사용할 수 있으며 비치 의자에서 선탠
을 즐기며 휴식을 취할 수 있다.

탓 솜파밋 폭포 입장료: 3만 5천K〜(프렌치 다리 통행 영수
증 지참시 무료)

Tip **개인적으로 시판돈까지 이동하는 방법**

1. 팍세 남부 터미널로 툭툭을 타고 이동한다. 이때 툭툭 비용은 1인 3만K 정도다.
2. 팍세 남부 터미널에서 썽태우를 타고 반나까상으로 이동한다. 썽태우 비용은 1인 4만K 정도다.
3. 반나까상에서 돈 콩, 돈 뎃, 돈 콘 방향 페리에 탑승한다. 1인 2만K 정도다.

콩 하이 해변(Hat Yai Kong Hyai Beach)

탓 솜파밋 폭포에서 1.5km 정도 이동하면 핫 야이 콩 하이 해변이 있다. 해변에서는 수영도 즐길 수 있으며 주변 식당에서는 쌀국수 등의 간단한 식사도 즐길 수 있다.

카약 투어

돈 뎃 선착장에서 출발해 남쪽으로 1시간 이동한다. 돈 콘 콘파쏘이 폭포에서 잠시 휴식을 취한 후 다시 카약으로 이동해 캄보디아 국경 지역에서 시판돈의 명물인 민물 돌고래를 구경하고 점심식사를 한다. 그 후 동남아 최대 폭포인 콘파펭 폭포를 구경하고 썽태우로 반나까상으로 이동, 카약으로 돈 뎃 선착장으로 돌아온다.

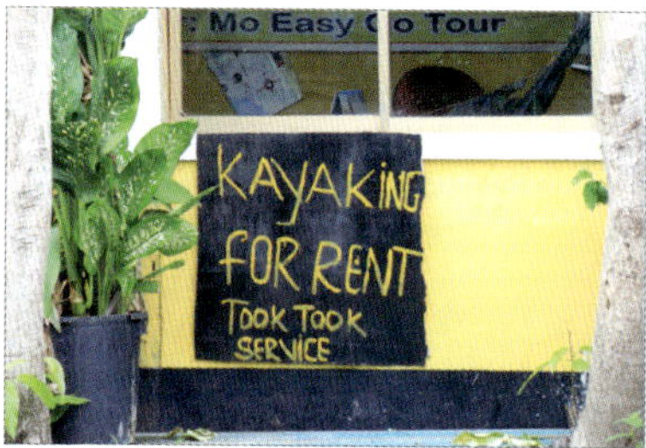

비용: 18만K～(조식, 바비큐, 물, 구명조끼 포함)

낭만을 즐길 수 있는 돈 뎃의 음식점

썽타완 게스트하우스 레스토랑(Sengthavan Guesthouse Restaurant)

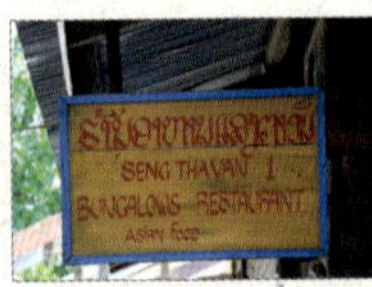

선셋 뷰에 위치한 식당으로 일몰과 함께 식사를 즐길 수 있다. 먹을거리가 다양하지 않은 돈 뎃에서 그나마 위안을 받을 수 있는 음식들이 제공된다. 간단하게 생과일 주스를 마시며 메콩강을 감상해도 좋다.

가격: 생과일 주스 5천K~

아담스 바 앤 레스토랑(Adams Bar & Restaurant)

돈 뎃 선착장에서 100여m도 되지 않는 가까운 거리에 있다. 일명 여행자 거리에서 여행자들이 가장 많이 찾는 식당이다. 실내에는 쿠션이 마련되어 있어 간단한 음료 등으로 휴식을 취할 수도 있다. 규모는 작지만 인기 식당이다. 성수기에는 저녁 6시 30분부터 뷔페를 운영하기도 한다.

가격: 볶음밥 2만 5천K~, 뷔페 5만K~

바나나 레스토랑(Banana Restaurant)

선착장 인근의 여행자 거리 초입에 위치해 있다. 등받이까지 마련된 TV바 스타일로 배낭여행자들의 인기 레스토랑이다. 쉐이크부터 소고기 볶음밥, 스테이크, 샌드위치 등 다양한 종류의 음식을 서비스한다.

가격: 볶음밥 2만 5천K~

파이하 인도 식당(Faija Indian Restaurant)

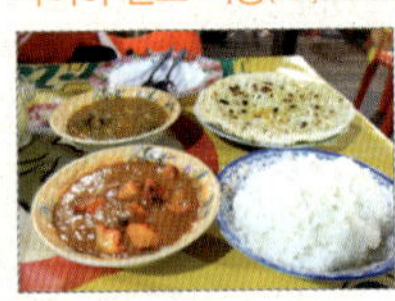

돈 뎃에서 유일하게 버거를 파는 버거 콩 바로 옆에 위치한다. 라오스 음식에 지친 여행자들을 위해 특별한 인도 음식을 제공한다. 가격은 라오스 물가에 비해 비싼 편이지만 전통 인도 카레와 난을 먹을 수 있다. 여행자 거리를 다니다 보면 가장 많은 여행자가 식사를 즐기는 모습을 볼 수 있는 곳이다.

가격: 카레 2만 5천K~, 난 1만K~

『처음 라오스에 가는 사람이 가장 알고 싶은 것들』 저자와의 인터뷰

Q 『처음 라오스에 가는 사람이 가장 알고 싶은 것들』을 소개해주시고 독자들에게 전하고 싶은 메시지는 무엇인지 말씀해주세요.

A 이 책은 라오스 여행을 계획하는 초보 여행자들을 위한 여행 가이드북입니다. 여행을 준비하고 계획하는 방법부터 볼거리, 먹을거리까지 라오스를 가장 효율적으로 즐길 수 있도록 5박 7일 일정을 소개했습니다. 라오스로 여행을 떠날 때 철저히 준비하지 않아도 이 책의 동선대로만 움직인다면 라오스를 마음껏 즐길 수 있을 것입니다.

한 폭의 수채화를 그려놓은 듯 아름다운 나라, 시간이 멈춘 듯 천혜의 멋이 살아 있는 나라 라오스에서 지친 몸을 힐링하는 시간을 즐기시기 바랍니다.

Q 시중에 많은 라오스 여행 도서들이 있습니다. 『처음 라오스에 가는 사람이 가장 알고 싶은 것들』은 유사 도서들과 어떤 차이점이 있나요?

A 시중 여행서들과의 가장 큰 차이점은 백과사전 식으로 그 나라에 대한 자료들을 취합해놓지 않았다는 것입니다. 이 책은 마치 패키지 여행에서 현지 가이드가 직접 안내하듯이 만든 알짜 가이드북입니다. 제가 직접 걷고 보며 먹고 현지 여행자들에게 의견을 물으며 알게 된 생생한 여행 정보를 담았습니다. 이 책과 함께라면 언어 문제, 문화 차이, 먹을거리에 대해 고민할 필요가 없습니다. 사실 말이 통하는 국내에서도 여행을 가려면 어디를 가야 하고 무엇을 먹어야 할지 고민이 되는데, 낯선 해외여행이라면 더욱 혼란스러울 것입니다. 그래서 누구나 쉽게 라오스 여행을 즐길 수 있도록 핵심 사항만 정리했습니다. 이 책과 함께 떠난다면 정보의 홍수에서 벗어나 가장 효율적으로 라오스 여행을 즐길 수 있을 것입니다.

Q 처음 해외여행을 떠나는 사람들에게 라오스를 추천하는 이유는 무엇인가요? 라오스에는 어떤 매력이 있는지 한 말씀 부탁드립니다.

A 라오스 여행의 가장 큰 장점은 저가항공을 이용해 알찬 가격으로 비행기 티켓을 구할 수 있다는 것과 체류비가 많이 들지 않는다는 것입니다. 그뿐만 아니라 자연 그대로의 관광지가 곳곳에 숨어 있으며, 치안도 잘 되어 있습니다. 또한 영어권 국가는 아니지만 간단한 영어나 몸짓만으로도 쉽게 의사소통을 할 수 있어 언어 스트레스에서 자유롭습니다. 길거리에서 쉽게 볼 수 있는 값싼 열대 과일은 라오스 여행을 더 풍부하게 만들어줍니다. 어느 하나 빠질 것 없는 최고의 여행지가 바로 라오스이기 때문에 해외여행을 처음 떠나는 사람들에게 추천합니다.

 라오스는 어떤 나라인지 자세한 설명 부탁드립니다.

 라오스는 동남아시아 인도차이나 반도에 위치한 국가로 중국, 미얀마, 베트남, 태국, 캄보디아와 국경을 접하고 있는 내륙국으로, 일찍부터 태국과 베트남에 숱한 외세 침입을 당했고 1800년대에는 프랑스 식민지배를 받기도 했습니다. 그러다 1975년 좌파인 공산당이 라오스 정부군을 무너뜨리면서 '라오 인민민주주의 공화국'이 되었고 은둔 국가로 남아 있던 라오스는 최근 활발하게 세계와 교류하고 있습니다. 특히 한국은 라오스 경제 지원국 5위로 깊은 외교 관계를 유지하고 있습니다. 라오스는 늦은 경제 개발로 시골 곳곳에는 아직도 자연의 모습이 그대로 남아 있어 '시간이 멈춘 나라'라고도 불리며, 그런 이유로 배낭 여행자들을 위한 천국으로 꼽히기도 합니다. 특히 메마른 도시 생활에 지친분들이라면 라오스는 여행하기 가장 좋은 나라입니다.

처음 해외여행을 떠나는 사람들이 가장 걱정하는 것이 언어 문제인데요, 라오스에서는 이 문제를 어떻게 해결해야 하나요?

낯선 여행지로 떠나기 전, 많은 여행자들이 걱정하는 첫 번째 문제가 언어입니다. 하지만 라오스는 영어권 국가가 아니기 때문에 더 편하고 자신감 있게 여행할 수 있습니다. 호텔이나 관광지에서는 기본적인 영어만으로도 의사소통에는 전혀 문제가 없으며, 가게나 재래시장에서는 영어를 구사하는 것보다 몸짓으로 소통하는 것이 더 편합니다. 마트에서 물건을 살 때는 주인이 계산기에 숫자를 입력하기도 합니다. 라오스는 언어 문제를 걱정하지 않아도 되는 나라입니다.

 동남아시아로 선뜻 자유여행을 떠나기가 쉽지 않은 이유가 날씨와 치안 때문인 경우가 많은데요, 이에 대한 자세한 설명 부탁드립니다.

 라오스 날씨는 물론 덥습니다. 하지만 라오스는 더워서 여행을 못하는 곳이 아니라, 덥지만 여행을 즐길 수 있을 만큼 아름다운 곳입니다. 너무 더워 숨이 막힐 정도라면 카페에 들러 시원한 커피 한 잔으로 더위를 식히는 것도 하나의 방법입니다. 물론 겨울에는 심한 일교차로 얇은 긴팔을 준비해야 합니다. 또한 많은 여행자들이 치안을 걱정하지만 오히려 유럽 지역이 더 위험합니다. 라오스는 소매치기나 강도가 거의 없는 나라입니다. 물론 밤늦은 시간에 혼자 다닌다거나 돈을 노출해 표적이 된다면 위험합니다. 하지만 라오스의 치안은 잘 되어 있어 생각하는 것보다 훨씬 안전한 곳입니다.

 라오스를 여행할 때 질병은 어떻게 예방해야 하고 병에 걸렸을 때는 어떻게 조치를 취하면 되나요?

 라오스 여행에서 가장 조심해야 할 것이 풍토병입니다. 말라리아 같은 병은 오지나 산악 지역을 여행하지 않는다면 크게 위험하지 않습니다. 그리고 얼음이 들어간 길거리 음식만 조심한다면 장티푸스 같은 것도 쉽게 걸리지 않습니다. 그래도 걱정이 된다면 출국 전 가까운 보건소에서 장티푸스 예방 접종을 하고 가도 됩니다. 만약 현지 여행중 감기 증세가 있거나 고열이 난다면 약을 먹기보다는 가까운 병원을 찾아 처방을 받는 것이 좋습니다.

Q 여행을 하면 빼놓을 수 없는 게 먹을거리인데요, 라오스에서 꼭 먹어봐야
할 음식이 있다면 소개해주세요.

A 청정국가인 라오스의 음식은 신선한 채소, 허브, 고추를 첨가해 만들어
서 깔끔하고 담백하기 때문에 한국인도 쉽게 즐길 수 있습니다. 다만
진한 향을 싫어하는 여행자는 음식을 주문할 때 고수를 빼달라고 말하
는 것이 좋습니다. 라오스의 대표 먹거리는 소뼈를 넣고 끓인 육수에
돼지고기, 소고기 고명을 올린 쌀국수와, 우리나라의 삼겹살 구이와 샤
브샤브를 섞어놓은 퓨전 음식인 신딧(한국식 불고기), 바게트에 돼지고
기 볶음, 채소, 양파, 쪽파, 오이, 토마토를 넣은 후 칠리소스를 뿌려 먹
는 길거리 음식의 대표주자 카우찌 바떼(바게트 샌드위치), 풍부한 열대
과일로 만든 생과일주스 등이 있습니다.

Q 본문에서 라오스 여행에서 꼭 해봐야 할 12가지를 말씀해주셨는데요, 대표
적인 몇 가지만 설명 부탁드립니다.

A 라오스 여행의 가장 큰 묘미는 자전거를 빌려서 구석구석 둘러볼 수 있
다는 점입니다. 자전거 여행만으로도 아름다운 라오스를 만끽할 수 있
습니다. 또한 메콩강에서는 롱테일 보트, 카약킹 등 다양한 체험을 즐
길 수 있습니다. 무엇보다 라오스는 낮보다 밤이 더 뜨겁습니다. 도시
마다 마련된 야시장은 현지인의 삶을 체험해보고 지인들의 선물을 준
비할 수 있는 곳이기도 합니다. 물론 불교국가인 라오스의 새벽 탁발
체험은 라오스 여행에서만 얻을 수 있는 가장 독특한 추억입니다. 피로
해진 심신을 달래기 위해 알찬 가격으로 즐길 수 있는 마사지까지 체험
한다면 비로소 라오스 여행을 완전히 즐겼다고 볼 수 있습니다.

 처음 라오스를 여행하는 사람들에게 라오스 여행시 조심해야 할 여행 예절이 있다면 말씀해주세요.

불교국가인 라오스에서 여행자들이 가장 많이 실수하는 것이 승려와의 예절입니다. 여성의 경우 승려 옆자리에 앉는 것이나 신체적 접촉은 금지되어 있으며, 특히 물건을 건넬 경우에도 직접 건네지 않고 바닥이나 탁자 위에 놓아야 합니다. 탁발시에도 승려의 가사나 신체에 접촉하지 않도록 주의해야 하며, 남성도 악수를 청하거나 승려의 몸에 손을 대서는 안 됩니다. 또한 라오스인들은 발을 가장 천한 부분으로 여깁니다. 그래서 발로 물건을 가리키거나 사람을 건드리는 행위, 상대방에게 발을 보이는 행위는 삼가야 하며, 특히 버스로 이동시 발을 올려놓는 행위를 조심해야 합니다. 무엇보다 라오스에서는 허락 없이 사진 찍는 것을 무례한 행동으로 여기기 때문에 사진을 찍을 때는 꼭 허락을 받고 찍는 것이 좋습니다.

* 원앤원스타일(www.1n1books.com)에서 상단의 '미디어북스'를 클릭하시면 이 책에 대한 더욱 심층적인 내용을 담은 '저자 동영상'과 '원앤원스터디'를 무료로 보실 수 있습니다.
* 이 인터뷰 동영상 대본 내용을 다운로드받고 싶으시다면 원앤원스타일 홈페이지에 회원으로 가입하시면 됩니다. 홈페이지 상단의 '자료실-저자 동영상 대본'을 클릭하셔서서 다운받으시면 됩니다.

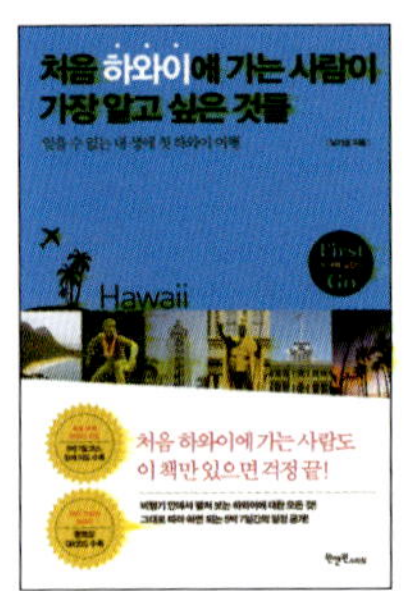

잊을 수 없는 내 생애 첫 싱가포르 여행

처음 하와이에 가는 사람이 가장 알고 싶은 것들

남기성 지음 | 값 16,000원

이 책은 하와이 여행의 핵심 정보만을 담아 5박 7일간의 일정을 제시한다. 오아후 섬을 지역별로 나누어 구성했고, 일러스트 지도를 일정별로 수록해 한눈에 여행 루트를 확인할 수 있도록 했다. 또한 하와이를 더욱 다채롭게 즐길 수 있도록 이웃섬인 빅아일랜드와 마우이 섬에 대한 정보와 휴대하기 편한 크기의 상세 지도를 제공하며, 하와이 현지 모습을 영상을 통해 미리 만나볼 수 있도록 QR코드를 삽입해 생동감을 더했다.

잊을 수 없는 내 생애 첫 싱가포르 여행

처음 싱가포르에 가는 사람이 가장 알고 싶은 것들

남기성 지음 | 값 15,000원

이 책은 '진짜' 싱가포르를 만나기 위한 3박 4일간의 일정을 소개한다. 해외여행이 처음이거나 싱가포르 여행이 처음인 사람들을 위해 싱가포르의 풍성한 볼거리, 먹거리, 즐길 거리들을 선별해 핵심 장소들로만 일정을 구성했다. 특히 이 책에서 제시한 여행 예산을 참고해 꼼꼼히 따져본 후 여행을 떠난다면 누구보다 알차고 저렴하게 싱가포르를 둘러볼 수 있을 것이다. 이 책을 따라 다채로운 멋을 지닌 싱가포르로 떠나보자.

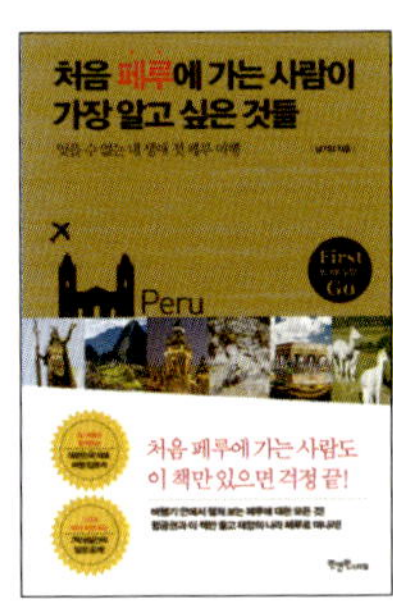

잊을 수 없는 내 생애 첫 페루 여행

처음 페루에 가는 사람이 가장 알고 싶은 것들

남기성 지음 | 값 15,000원

이 책은 처음 페루 여행을 계획하는 사람들이 가장 알고 싶어하고, 가장 필요로 하는 것만을 정리해 7박 8일의 일정으로 구성한 여행정보서다. 페루는 대개 중남미로 통합해 소개하는데, 이 책은 다른 여행서와는 달리 페루만을 다루고 있어 더 세세한 정보를 제공한다. 저자는 짧은 시간 동안 페루를 보다 알차게 여행할 수 있도록 보석 같은 장소들만을 엄선해 담았다. 잉카제국의 찬란한 문화유산을 간직하고 있는 페루를 마음껏 즐겨보자.

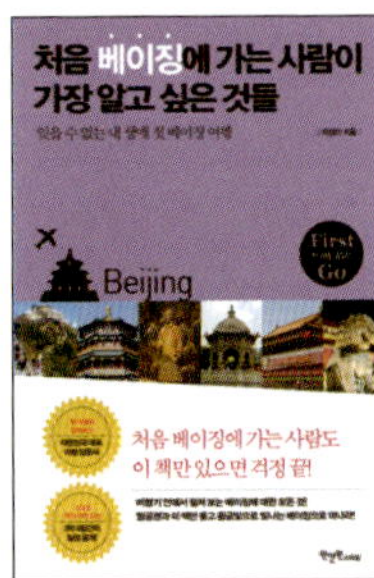

잊을 수 없는 내 생애 첫 베이징 여행

처음 베이징에 가는 사람이 가장 알고 싶은 것들

하경아 지음 | 값 15,000원

3박 4일간의 베이징 자유여행을 위한 책이 나왔다. 여행 초보자를 위한 항공권 예매, 비자 발급 등 기본적인 정보부터 베이징에 도착해서 관광 명소에 어떻게 가는지, 가서 무엇을 보고, 무엇을 먹어야 하는지 하나하나 알려주며, 지하철 노선도를 중심으로 짜인 3박 4일간의 일정은 대중교통을 이용해 여행을 즐기려는 여행객들에게 최적의 루트를 제공한다. 중국의 수도 베이징에서 과거, 현재, 그리고 미래를 아우르는 여행을 즐겨보자.

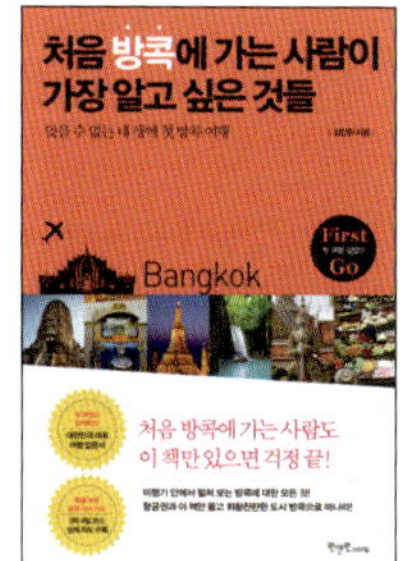

잊을 수 없는 내 생애 첫 방콕 여행

처음 방콕에 가는 사람이 가장 알고 싶은 것들

김인현 지음 | 값 15,000원

이 책은 후회 없는 방콕 여행을 위한 3박 4일간의 일정을 소개한다. 동남아시아의 한가운데에서 아시아 여행의 중심지가 된 방콕! 개성 넘치는 모습으로 빛나는 시암부터 역사가 살아 숨 쉬는 아유타야와 깐짜나부리, 외곽의 수상시장까지 여행 코스를 알차게 구성했다. 이 모든 일정을 편리하게 다닐 수 있도록 BTS·MRT·수상보트 노선도를 본문에 수록했고, 휴대하기 편한 크기의 방콕 시내 지도를 부록으로 실었다.

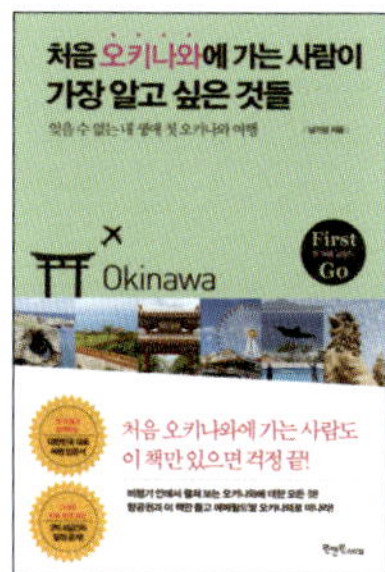

잊을 수 없는 내 생애 첫 오키나와 여행

처음 오키나와에 가는 사람이 가장 알고 싶은 것들

남기성 지음 | 값 15,000원

이 책은 오키나와를 처음 여행하는 사람들을 위한 3박 4일간의 일정을 담은 여행 정보서다. 지역별로 동선을 제시해 가장 효율적으로 오키나와를 여행할 수 있도록 했다. 정기 관광버스 및 렌터카에 대한 교통 정보와 꼭 먹어봐야 할 음식에 대한 정보도 꼼꼼히 실었다. 오키나와는 '동양의 하와이'라고 불릴 만큼 아름다운 경관을 자랑한다. 이 책에서 제시한 일정을 따라 태평양이 펼쳐진 에메랄드빛 오키나와를 마음껏 즐겨보자.

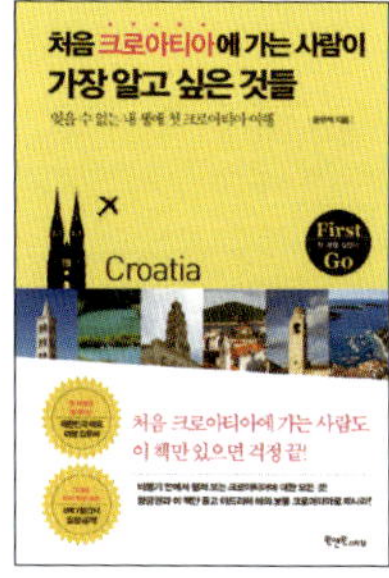

잊을 수 없는 내 생애 첫 크로아티아 여행

처음 크로아티아에 가는 사람이 가장 알고 싶은 것들

윤우석 지음 | 값 15,000원

크로아티아를 즐기기 위한 6박 7일간의 여행서인 이 책은 크로아티아를 여행하는 효율적인 일정과 함께 직항 노선이 없는 크로아티아 항공편을 예약하는 방법, 크로아티아 국내선을 이용하는 법, 아파트먼트와 같은 숙소를 구하는 방법 등 여행 초보자들이 꼭 알아야 할 정보들을 담았다. 여행을 계획하고 준비하는 방법부터 크로아티아 여행의 핵심 스케줄을 담은 이 책과 함께 아드리아 해의 보물 크로아티아 여행을 즐겨보자.

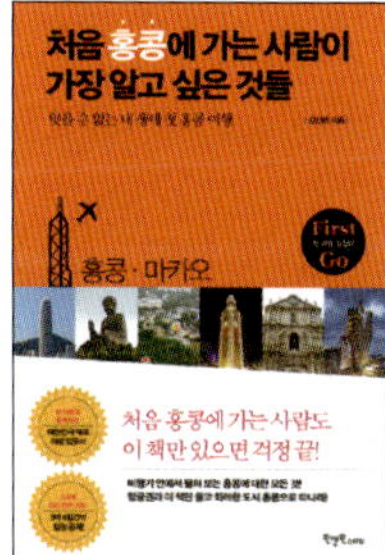

잊을 수 없는 내 생애 첫 홍콩 여행

처음 홍콩에 가는 사람이 가장 알고 싶은 것들

김인현 지음 | 값 15,000원

이 책은 홍콩을 처음 여행하는 사람이라도 아무 걱정 없이 따라 하면 되는 여행 지침서다. 홍콩의 구석구석을 효율적으로 둘러볼 수 있도록 지역별로 꼼꼼하게 일정을 짰다. 홍콩 여행에서 반드시 해야 할 것, 봐야 할 것, 먹어야 할 것을 좀더 수월하게 선택할 수 있도록 핵심적인 내용만을 담기 위해 노력했다. 이 책에 소개한 3박 4일의 일정을 그대로 따라가다 보면 홍콩의 매력을 제대로 느낄 수 있을 것이다.

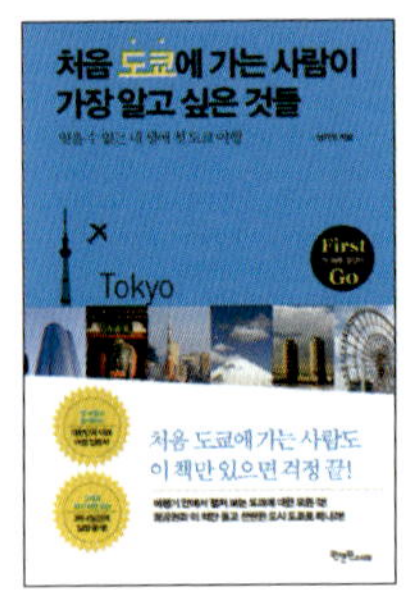

잊을 수 없는 내 생애 첫 도쿄 여행

처음 도쿄에 가는 사람이 가장 알고 싶은 것들

남기성 지음 | 값 15,000원

이 책은 처음 도쿄를 여행하는 사람을 위한 최선의 일정을 제시한다. 효율적인 도쿄 여행을 위한 핵심 정보로만 구성한 3박 4일의 일정을 따라가보자. 하루하루 지역별로 꼼꼼하게 동선을 구성해 도쿄를 처음 방문했다고 하더라도 여행하는 데 불편함이 없도록 하는 데 노력을 기울였다. 또한 꼭 들러야 할 명소는 물론 교통 정보까지 수록되어 있어 도쿄 여행이 처음인 사람들을 위한 여행 입문서로 손색이 없다.

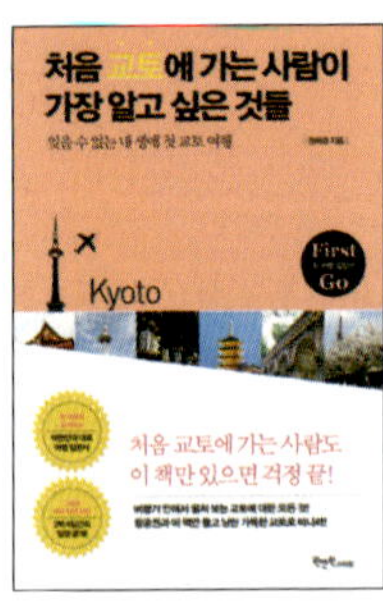

잊을 수 없는 내 생애 첫 교토 여행

처음 교토에 가는 사람이 가장 알고 싶은 것들

정해경 지음 | 값 17,000원

이 책은 해외여행이 처음이거나 교토 여행이 처음인 사람들을 위한 책으로, 교토가 처음이라고 하더라도 불편함이 없는 여행이 되도록 구성했다. 교토를 가장 효율적으로 여행하기 위해 추천 일정별·지역별로 나누어 동선을 제시한다. 무엇보다 세계문화유산이 즐비한 교토는 아는 만큼 보이는 곳이기에 문화유산 답사에도 지장이 없도록 했고, 추천 일정에는 교토에서 꼭 먹어봐야 하는 음식들을 소개했다.

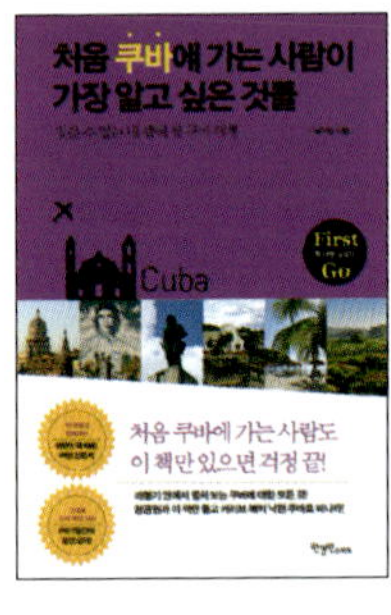

잊을 수 없는 내 생애 첫 쿠바 여행

처음 쿠바에 가는 사람이 가장 알고 싶은 것들

남기성 지음 | 값 15,000원

'지상 최대의 아름다운 낙원'이라고 칭송받는 쿠바! 이 책은 처음 쿠바에 가는 사람을 위한 최고의 여행 길라잡이다. 누구나 따라 하기 쉬우면서도 가장 효율적으로 쿠바를 여행할 수 있도록 핵심정보만 뽑아 6박 7일 일정으로 구성했다. 별다른 준비 없이 이 책만 펼쳐도 미처 알지 못했던 쿠바의 매력을 알게 됨과 동시에 여행에서 반드시 해야 할 것, 봐야 할 것, 먹어야 할 것에 대한 선택을 보다 분명히 내릴 수 있을 것이다.

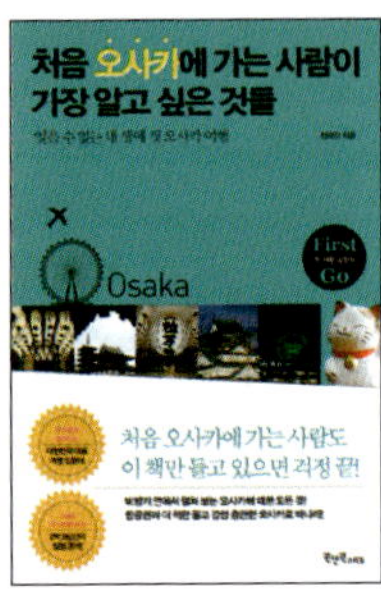

잊을 수 없는 내 생애 첫 오사카 여행

처음 오사카에 가는 사람이 가장 알고 싶은 것들

정해경 지음 | 값 15,000원

가야 할 곳도 먹어야 할 것도 무척 많은 도시 오사카! 효율적이면서도 오사카를 제대로 여행할 수 있도록 핵심 정보 위주로 2박 3일 일정을 구성했다. 오사카를 지역별로 나누어 한눈에 쉽게 알아볼 수 있도록 했고, 시작점부터 도착점까지 루트를 지도에 표시해두었기 때문에 일부러 시간을 들여 일정을 고민하고 세부 정보를 찾아야 하는 수고로움을 덜 수 있다.

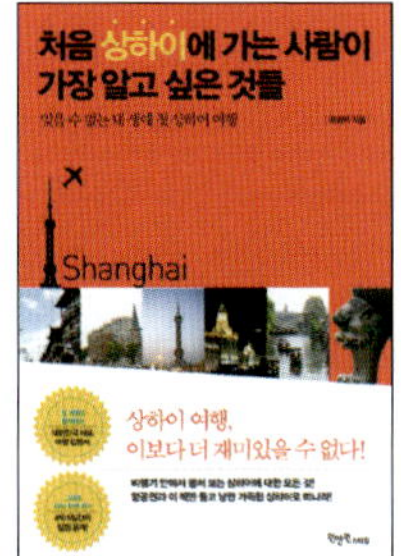

잊을 수 없는 내 생애 첫 상하이 여행

처음 상하이에 가는 사람이 가장 알고 싶은 것들

하경아 지음 | 값 15,000원

짧게는 1박 2일, 길게는 4박 5일 동안 상하이의 구석구석을 도보로 누빌 수 있는 여행 안내서다. 상하이로 여행 간다면 반드시 먹어봐야 할 것, 봐야 할 것, 가야 할 곳을 엄선해 꼽았다. 저자가 직접 도보여행을 하며 시작점부터 도착점까지 지도로 표시했기 때문에 여행자의 시선에 맞춘 유용한 정보로 가득하다. 특히 테마별로 상하이를 둘러볼 수 있도록 일정을 묶어 여행하기에 편리하다.

잊을 수 없는 내 생애 첫 대만 여행

처음 타이완에 가는 사람이 가장 알고 싶은 것들

정해경 지음 | 값 15,000원

해외여행 경험이 별로 없는 이들도 타이완으로 첫 해외여행을 떠날 수 있게 도와주는 여행정보서『처음 타이완에 가는 사람이 가장 알고 싶은 것들』이 개정되어 출간되었다. 이 책과 항공권만 들면 누구나 자신감을 가지고 쉽게 타이완으로 떠날 수 있도록 완벽한 가이드를 제시한다. 또한 여행지의 역사부터 최근의 정보까지 빠뜨리지 않고 담고 있으며 직접 눈으로 보지 않더라도 생생하게 그릴 수 있을 만큼 현지의 느낌을 잘 살려냈다.

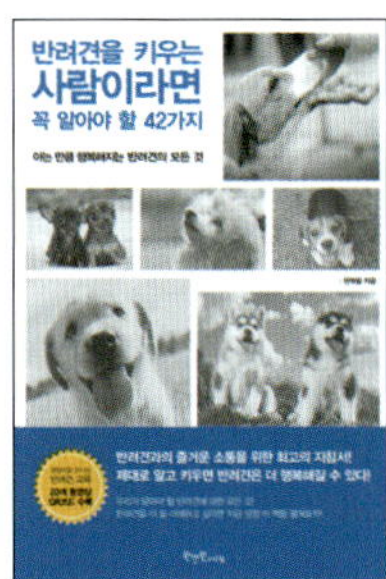

아는 만큼 행복해지는 반려견의 모든 것

반려견을 키우는 사람이라면 꼭 알아야 할 42가지

권혁필 지음 | 값 14,000원

반려견과의 건강하고 행복한 삶을 위해 꼭 알아야 할 것들을 담은 반려견 교육 지침서다. 반려견에 대한 기본 상식은 물론 동물행동심리전문가이자 반려견 교육전문가인 저자가 직접 경험한 반려견 문제 행동에 대한 교육 노하우를 소개한다. 또한 본문 곳곳에는 20개의 동영상 QR코드를 수록해 영상을 보면서 쉽게 교육 방법을 따라 할 수 있도록 했다. 이 책과 함께 반려견 교육 방법을 익히며 반려견과 소통하는 법을 배워보자.

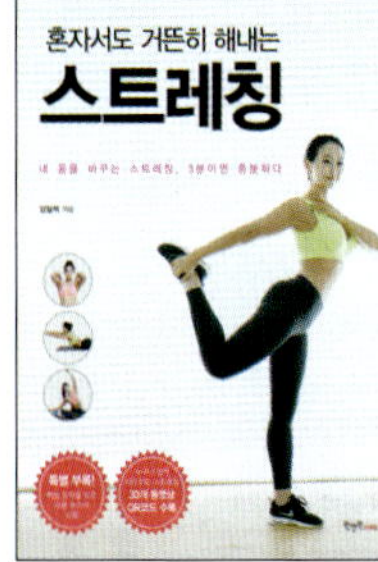

내 몸을 바꾸는 스트레칭, 3분이면 충분하다

혼자서도 거뜬히 해내는 스트레칭

임일혁 지음 | 값 17,000원

이 책은 혼자서도 쉽게 따라 할 수 있는 자세별·상황별 스트레칭을 소개한다. 동작 사진만으로도 충분히 이해할 수 있도록 자세하게 설명했다. 또한 본문에 총 30개의 동영상 QR코드를 삽입해 동영상을 보면서 손쉽게 따라 할 수 있으며, 대형 포스터를 특별 부록으로 수록했다. 매일매일 바쁜 일상을 살아가느라 운동을 하지 못하는 모든 사람들이 이 책을 통해 더 건강하고 더 활기찬 하루를 맞이할 수 있기를 바란다.

동영상과 사진으로 쉽게 배우는 자전거의 구조와 정비

왕초보를 위한 자전거 정비법

김병훈 지음 | 값 13,000원

이 책은 혼자서도 쉽게 따라 할 수 있는 자전거 정비법에 대해 소개한다. 자전거를 거의 모르는 완전 초보자를 위한 책으로, 사진과 설명으로는 조금 복잡할 수도 있는 부분들은 동영상 QR코드를 수록해 보완했다. 보급형 모델을 중심으로 다루었으며, 하이브리드와 미니벨로, 그리고 자녀를 둔 부모들을 위해 어린이용 자전거도 포함했다. 이 책에서 소개한 정도의 정비만 할 수 있다면 안전하고 즐거운 라이딩을 보장받을 수 있을 것이다.

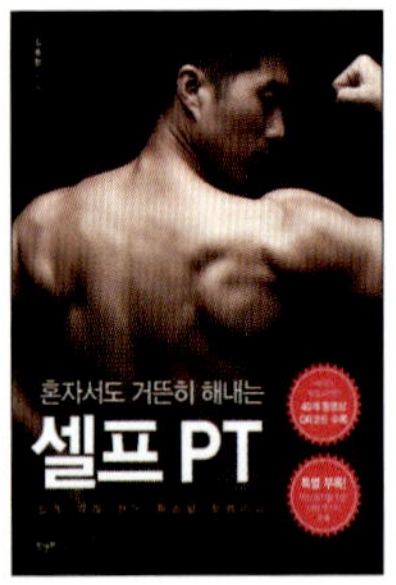

쉽게 따라 하는 퍼스널 트레이닝

혼자서도 거뜬히 해내는 셀프 PT

김동현 지음 | 값 17,000원

이 책은 혼자서도 쉽게 따라 할 수 있는 퍼스널 트레이닝 프로그램을 소개한다. 이 책의 가장 큰 장점은 레벨별로 맞춤형 트레이닝이 가능하다는 것이다. 단순히 운동 동작만 나열한 다른 도서들과는 달리, 이 책은 스스로의 체력과 운동 수행능력을 테스트해 레벨을 나누고 그에 따라 초급·중급·상급 코스를 선택해 운동할 수 있게 구성했다. 이 책에 구성되어 있는 프로그램들을 따라 하다 보면 비싼 PT를 받는 사람들이 부럽지 않을 것이다.

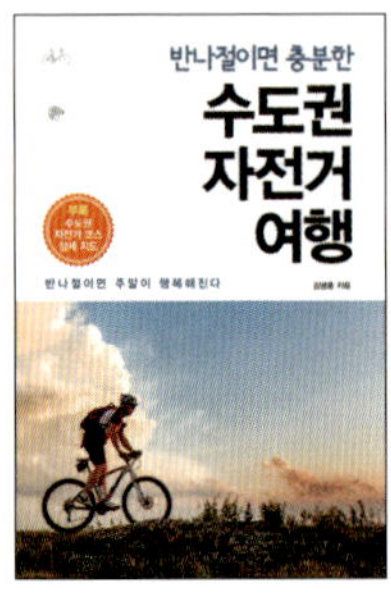

자전거 여행으로 행복해지는 데 반나절이면 된다

반나절이면 충분한 수도권 자전거 여행

김병훈 지음 | 값 14,000원

수도권이 여행하기에 각박한 곳이라는 생각은 버려라! 당일치기로 다녀올 수 있는 수도권 자전거 여행 26개 코스를 주제별로 소개한 이 책은 노약자나 자전거 초보자도 완주할 수 있는 코스부터 독특한 경관을 볼 수 있는 코스, 전철을 활용해 라이딩을 즐길 수 있는 코스까지 망라했다. 여행 팁과 맛집, 편의시설 등이 수록되어 있고 각 코스별 지도가 부록으로 제공되어 효율적이고 알찬 자전거 여행을 즐길 수 있다.

내 손의 온기를 느끼는 시간, 반 고흐를 필사하다

반 고흐, 인생을 쓰다

빈센트 반 고흐 지음 | 강현규 엮음 | 이선미 옮김 | 값 13,000원

반 고흐의 작품만큼 큰 감동을 선사하는 게 반 고흐의 편지다. 그의 편지는 한 인간으로서의 고뇌와 예술가로서의 갈등이 담긴 숭고한 메시지로, 그 중에서도 필사하기에 좋은 주옥 같은 내용을 엄선해 필사 책으로 엮었다. 중간 중간 반 고흐의 작품들도 함께 실어 필사의 즐거움을 더했다. 필사를 하면 할수록 인간적인, 너무나 인간적인 반 고흐의 편지에 마음속 깊이 감동하게 될 것이며, 삶에 대한 뜨거운 열정이 솟아날 것이다.

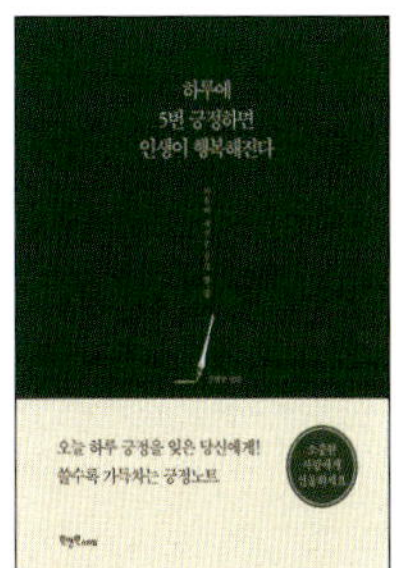

마음에 새기는 긍정 한 줄

하루에 5번 긍정하면 인생이 행복해진다

강현규 엮음 | 값 13,000원

행복해지기로 결심한 그 순간 우리는 행복해질 수 있다. 52주 다이어리 형식으로 구성된 긍정노트에 하루 5번 행복했던 일들을 적어보자. 그날 하루 행복했던 일이 떠오르지 않는다면 이 책에 나온 긍정의 말과 명언을 필사해도 좋다. 잠자리에 들기 전 이 책을 펼쳐놓고 그날 하루 행복했던 일들을 찾아 하루에 5번만 써보자. 차곡차곡 쌓인 긍정의 말들이 당신의 일상을, 삶을 바라보는 당신의 시선을 더욱 행복하게 변화시킬 것이다.

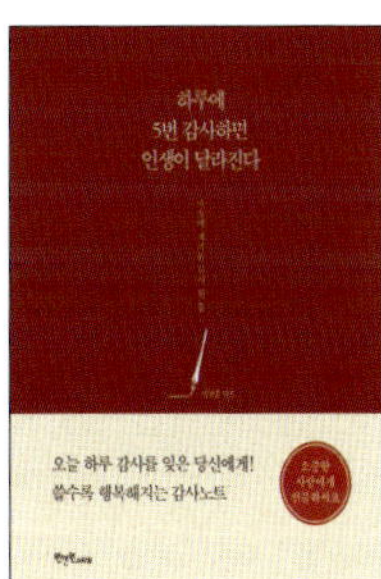

마음에 새기는 감사 한 줄

하루에 5번 감사하면 인생이 달라진다

정영훈 엮음 | 값 13,000원

감사하기 가장 좋은 날은 바로 '오늘'이다. 52주 다이어리 형식으로 구성된 감사노트에 하루 5번 감사했던 일들을 적어보자. 그날 하루 감사한 일이 떠오르지 않는다면 이 책에 나온 감사의 말과 명언을 필사해도 좋다. 잠자리에 들기 전 이 책을 펼쳐놓고 그날 하루를 정리해보자. 하루를 반성할 수 있는 그 시간도 감사의 시간이 될 수 있다. 이 책과 함께 감사의 기적을 경험해보자.

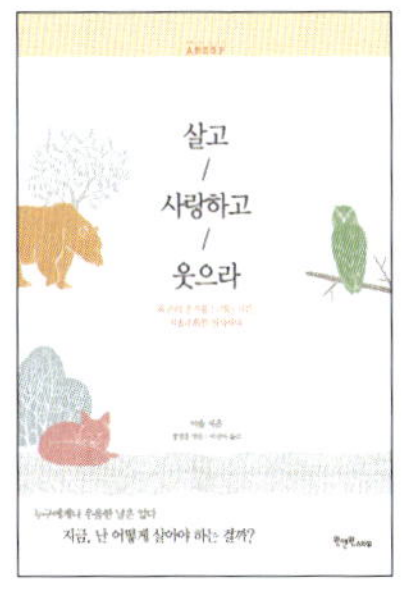

내 손의 온기를 느끼는 시간, 이솝우화를 필사하다

살고, 사랑하고, 웃으라

이솝 지음 | 정영훈 엮음 | 이선미 옮김 | 값 13,000원

시공을 훌쩍 뛰어넘어 여전히 현대인에게 인생의 지혜를 선사하는 『이솝우화』를 필사하는 책이다. 이 책은 페이지마다 감성적인 사진과 함께 짧은 글을 싣고 반대편에는 필사할 수 있는 여백을 마련했기에, 펜 하나만 가지고 곧바로 필사의 세계로 빠져들 수 있다. 빠르게만 흘러가는 세상 속에서 느리게 읽는 필사의 즐거움을 느껴보자.

스마트폰에서 이 QR코드를 읽으면
도서목록과 바로 연결됩니다.

독자 여러분의
소중한 원고를 기다립니다

원앤원스타일은 독자 여러분의 소중한 원고를 기다리고 있습니다. 집필을 끝냈거나 혹은 집필중인 원고가 있으신 분은 khg0109@hanmail.net으로 원고의 간단한 기획의도와 개요, 연락처 등과 함께 보내주시면 최대한 빨리 검토한 후에 연락드리겠습니다. 머뭇거리지 마시고 언제라도 원앤원스타일의 문을 두드리시면 반갑게 맞이하겠습니다.

팍세
주변 지도
다오린
Dao Linh
란캄 누들 수프
Lan Kham Noodle Soup
사바이디 팍세
Sabaidee Pakse
참파삭 역사 유산 박물관
Champasak Historical Heritage Museum
쑤언마이
Xuanmai
참파삭 그랜드 호텔
Champasak Grand Hotel
팍세 병원
Pakse Hospital
탓 참피 폭포
Tad Champee Waterfall
E-TU 폭포
E-TU Waterfall
탓 판 폭포
Tad Fane Waterfall
탓 느앙 폭포
Tad Gneuang Waterfall
볼라벤 고원
Bolaven Plateau
20
20
13
13

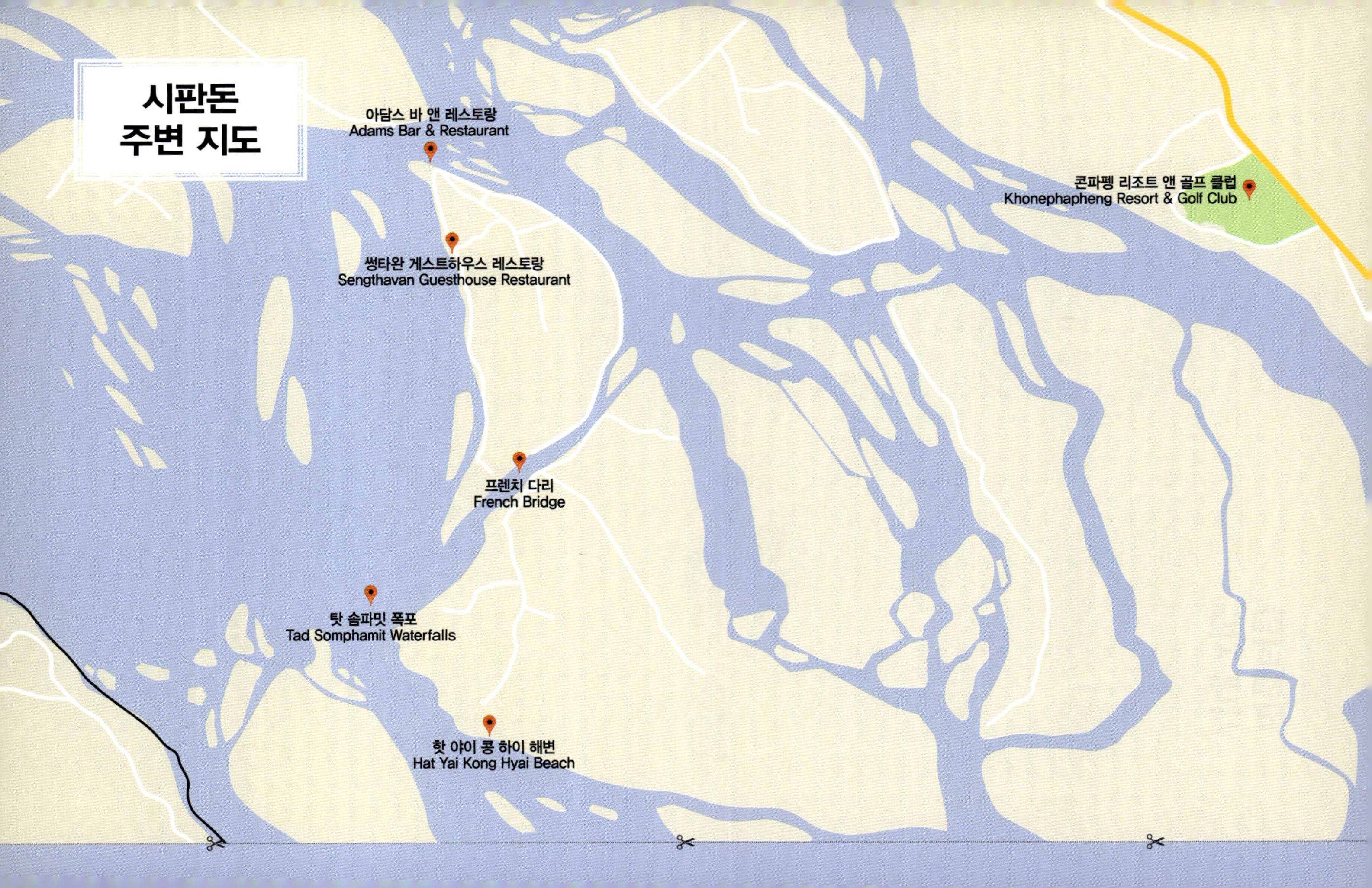

시판돈
주변 지도
아담스 바 앤 레스토랑
Adams Bar & Restaurant
콘파펭 리조트 앤 골프 클럽
Khonephapheng Resort & Golf Club
쎙타완 게스트하우스 레스토랑
Sengthavan Guesthouse Restaurant
프렌치 다리
French Bridge
탓 솜파밋 폭포
Tad Somphamit Waterfalls
핫 야이 콩 하이 해변
Hat Yai Kong Hyai Beach